畜禽屠宰操作规程实施指南系列丛书
CHUQIN TUZAI CAOZUO GUICHENG SHISHI ZHINAN

牛屠宰操作指南

NIU TUZAI CAOZUO ZHINAN

中国动物疫病预防控制中心
（农业农村部屠宰技术中心）◎编

中国农业出版社
农村读物出版社
北 京

图书在版编目（CIP）数据

牛屠宰操作指南 / 中国动物疫病预防控制中心（农业农村部屠宰技术中心）编. —北京：中国农业出版社，2019.11（2020.3 重印）
（畜禽屠宰操作规程实施指南系列丛书）
ISBN 978-7-109-26243-0

Ⅰ.①牛… Ⅱ.①中… Ⅲ.①牛—屠宰加工—指南 Ⅳ.①TS251.4-62

中国版本图书馆 CIP 数据核字（2019）第 268745 号

中国农业出版社出版
地址：北京市朝阳区麦子店街 18 号楼
邮编：100125
责任编辑：刘 伟 冀 刚
版式设计：杜 然 责任校对：刘丽香
印刷：北京万友印刷有限公司
版次：2019 年 11 月第 1 版
印次：2020 年 3 月北京第 2 次印刷
发行：新华书店北京发行所
开本：700mm×1000mm 1/16
印张：8.5 插页：4
字数：300 千字
定价：58.00 元

丛书编委会

本书编委会

主　编： 张朝明　臧明伍

副主编： 高胜普　李　丹

编　者（按姓名音序排列）：

陈三民　高胜普　关婕葳　韩明山

胡兰英　黄　萍　黄启震　李　丹

李　鹏　李笑曼　马　冲　钱保根

单佳蕾　孙宝忠　吴玉苹　谢　鹏

尤　华　臧明伍　张朝明　张德权

张　杰　张凯华　张宁宁　张劭俣

张松山　张新玲　张　杨　张哲奇

赵秀兰　周伟生

审　稿（按姓名音序排列）：

高胜普　韩明山　钱保根　谢　鹏

臧明伍　张朝明　赵秀兰　周伟生

序

畜禽屠宰标准是规范屠宰加工行为的技术基础，是保障肉品质量安全的重要依据。近年来，我国加强了畜禽屠宰标准化工作，陆续制修订了一系列畜禽屠宰操作规程领域国家标准和农业行业标准。为加强标准宣贯工作的指导，提高对标准的理解和执行能力，全国屠宰加工标准化技术委员会秘书处承担单位中国动物疫病预防控制中心（农业农村部屠宰技术中心）组织相关大专院校、科研机构、行业协会、屠宰企业等有关单位和专家编写了“畜禽屠宰操作规程实施指南系列丛书”。

本套丛书对照最新制修订的畜禽屠宰操作规程类国家标准或行业标准，采用图文并茂的方式，系统介绍了我国畜禽屠宰行业概况、相关法律法规标准以及畜禽屠宰相关基础知识，逐条逐款解读了标准内容，重点阐述了相关条款制修订的依据、执行要点等，详细描述了相应的实际操作要求，以便于畜禽屠宰企业更好地领会和实施标准内容，提高屠宰加工技术水平，保障肉品质量安全。

本套丛书包括生猪、牛、羊、鸡和兔等分册，是目前国内首套采用标准解读的方式，系统、直观描述畜禽屠宰操作的图书，可操作性和实用性强。本套丛书可作为畜禽屠宰企业实施标准化生产的参考资料，也可作为食品、兽医等有关专业科研教育人员的辅助材料，还可作为大众了解畜禽屠宰加工知识的科普读物。

前言

改革开放以来，我国肉牛产业取得了长足发展。目前，随着我国居民生活水平的提高，对安全、优质牛肉的需求不断增加。但是，相对于国外发达国家同类企业而言，我国牛屠宰加工技术仍良莠不齐，行业集中度和技术规范性有待进一步提高。为进一步规范牛屠宰操作，提升牛屠宰产品品质，提高行业竞争力，我国将国家标准《牛屠宰操作规程》（GB/T 19477—2004）修订为《畜禽屠宰操作规程　牛》（GB/T 19477—2018），修订后的标准于 2018 年 12 月 28 日发布，已于 2019 年 7 月 1 日正式实施。

为便于广大牛屠宰加工从业人员更好地学习、贯彻实施《畜禽屠宰操作规程　牛》(GB/T 19477—2018)，更好地指导生产，为消费者提供更多优质的产品，中国动物疫病预防控制中心（农业农村部屠宰技术中心）组织相关大专院校、科研机构、行业协会、屠宰企业等单位的专业人员编写了《牛屠宰操作指南》一书。

本书对标准条文进行深入详细的解读，同时配上相应的示意图片，进行具体的操作描述，具有通俗易懂、可操作性强的特点。在体例上，前 2 章为牛屠宰行业概况、相关法律法规及标准、牛屠宰相关知识等。第 3 章至第 7 章则对照标准的相应章节，逐条逐款地进行了深入细致的解读，阐述了相关条款制修订的依据、执行要点和实际操作等。第 8 章介绍了屠宰后的牛胴体分割知识。本书可作为屠宰企业实施标准化生产的培训资料，也可作为食品、兽医等相关专业科研教育人员的辅助材料，还可作为大众了解牛屠宰加工的科普读物。

在本书编写过程中，中国肉类食品综合研究中心、内蒙古科尔沁牛业股份有限公司及全国屠宰加工标准化技术委员会的专家委员为本书的出版给予了大力帮助与支持，在此表示衷心的感谢。

由于时间仓促，限于编者的水平和能力，书中难免有纰漏与不足之处，恳请广大读者批评指正。

编　者

2019年10月

目 录

第 1 章

牛屠宰行业概况

一、牛肉产业现状

1. 全球牛肉产业发展现状

据美国农业部（USDA）数据，2011—2018 年世界牛肉总产量和消费量基本稳定，整体呈增长趋势。2018 年，世界牛肉总产量和总消费量分别达到 6 219.3 万 t 和 6 025.8 万 t。牛肉生产地区和消费地区集中度较高。美国、巴西、欧盟、中国和印度是世界牛肉产量位居前 5 位的国家和地区，2018 年牛肉产量分别为 1 225.3 万 t、990.0 万 t、803.0 万 t、644.0 万 t 和 430.0 万 t，分别占世界牛肉总产量的 19.7%、15.9%、12.9%、10.4%和 6.9%，这 5 个国家和地区牛肉总产量占世界牛肉总产量的 65.8%（表 1－1）。美国、欧盟、中国、巴西和印度也是世界牛肉消费排名前 5 位的国家和地区，2018 年牛肉消费量分别为 1 217.9 万 t、804.9 万 t、791.0 万 t、786.5 万 t、274.4 万 t，这 5 个国家和地区牛肉消费量占世界牛肉总消费量的 64.3%（表 1－2）。

表 1－1　2011—2018 年世界和主要国家/地区牛肉总产量

单位：万 t

国家/地区	2011 年	2012 年	2013 年	2014 年	2015 年	2016 年	2017 年	2018 年
美国	1 197.8	1 184.5	1 175.1	1 107.5	1 081.7	1 150.7	1 194.3	1 225.3
巴西	903.0	930.7	967.5	972.3	942.5	928.4	955.0	990.0
欧盟	811.4	770.8	738.8	744.3	768.4	788.1	786.9	803.0
中国	647.5	662.3	673.0	689.0	670.0	700.0	634.6	644.0
印度	330.8	349.1	380.0	410.0	410.0	420.0	425.0	430.0
阿根廷	253.0	262.0	285.0	270.0	272.0	265.0	284.0	305.0
澳大利亚	212.9	215.2	235.9	259.5	254.7	212.5	214.9	230.6
墨西哥	180.4	182.1	180.7	182.7	185.0	187.9	192.5	198.0

（续）

国家/地区	2011 年	2012 年	2013 年	2014 年	2015 年	2016 年	2017 年	2018 年
巴基斯坦	153.6	158.7	163.0	168.5	171.0	175.0	178.0	180.0
土耳其	90.5	112.1	121.7	124.5	142.3	148.4	139.9	140.0
世界牛肉总产量	5 895.4	5 950.7	6 053.5	6 081.5	5 969.9	6 044.3	6 065.1	6 219.3

资料来源：美国农业部网站。

表 1-2　2011—2018 年世界和主要国家/地区牛肉消费量

单位：万 t

国家/地区	2011 年	2012 年	2013 年	2014 年	2015 年	2016 年	2017 年	2018 年
美国	1 164.1	1 173.6	1 160.8	1 124.1	1 127.6	1 167.8	1 205.2	1 217.9
欧盟	803.4	776.0	752.0	751.4	774.4	790.6	783.8	804.9
中国	644.9	667.6	711.2	727.7	734.2	776.5	731.3	791.0
巴西	773.0	784.5	788.5	789.6	778.1	765.2	775.0	786.5
印度	204.0	204.1	191.9	201.8	229.4	243.6	240.1	274.4
阿根廷	232.0	245.8	266.4	250.3	253.4	243.4	254.7	254.4
墨西哥	192.1	183.6	187.3	183.9	179.7	180.9	184.1	187.2
俄罗斯	234.8	240.0	239.8	229.7	196.6	184.7	180.0	180.5
巴基斯坦	150.3	153.8	157.6	162.7	163.6	168.5	172.2	174.1
土耳其	105.8	115.3	122.2	125.0	145.7	149.6	142.4	149.6
世界牛肉消费总量	5 746.6	5 804.7	5 874.2	5 874.9	5 781.9	5 871.4	5 867.9	6 025.8

资料来源：美国农业部网站。

据美国农业部数据，世界牛肉进、出口量占总消费量的比例分别为 14.3%和 17.5%，近 10 年来，世界牛肉进、出口量整体呈波动上升态势。牛肉进口贸易方面，2018 年，世界牛肉进口量 860.9 万 t，同比增长 8.6%。从进口国家和地区看，2018 年中国取代美国成为世界最大的牛肉进口国，进口量达到 146.7 万 t，占世界牛肉总进口量的 17.0%，占中国牛肉消费量的 18.5%。美国、日本、韩国和俄罗斯分别位列第二至第五位，分别占世界牛肉总进口量的 15.8%、10.0%、6.8%和 6.3%，排名前 5 位的牛肉进口国总量占世界牛肉总进口量的 55.9%（表 1-3）。

牛肉出口贸易方面，2018 年世界牛肉总出口量为 1 055.3 万 t，同比增长 5.9%。从出口国别看，巴西成为最大的牛肉出口国。2018 年，巴西牛肉出口量达到 208.3 万 t，占世界总出口量的 19.7%，占其本国产量的 21%。澳大利亚、印度、美国和新西兰分别位列第二至第五位，分别占世

界牛肉总出口量的15.7%、14.7%、13.6%和6.0%，排名前5位的牛肉出口国总量占世界牛肉总出口量的69.7%（表1-4）。

表1-3　2011—2018年世界和主要国家/地区牛肉进口量

单位：万t

国家/地区	2011年	2012年	2013年	2014年	2015年	2016年	2017年	2018年
中国	2.9	9.5	41.2	41.7	66.3	81.2	97.4	146.7
美国	93.3	100.7	102.0	133.7	152.9	136.7	135.8	136.0
日本	74.5	73.7	76.0	73.9	70.7	71.9	81.7	86.5
韩国	43.1	37.0	37.5	39.2	41.4	51.3	53.1	58.2
俄罗斯	99.4	102.7	102.3	93.2	62.1	52.2	54.3	54.1
中国香港	15.2	24.1	47.3	64.6	33.9	45.3	54.3	54.1
欧盟	36.5	34.8	37.6	37.2	36.3	36.9	51.6	48.3
智利	18.0	18.7	21.0	21.0	21.3	26.9	33.8	37.0
埃及	21.7	25.0	19.5	27.0	36.0	34.0	28.1	31.7
加拿大	28.2	30.1	29.5	28.4	28.0	25.4	25.0	30.0
世界牛肉进口量	659.9	672.4	744.5	789.0	763.1	769.1	792.9	860.9

资料来源：美国农业部网站。

表1-4　2011—2018年世界和主要国家/地区牛肉出口量

单位：万t

国家/地区	2011年	2012年	2013年	2014年	2015年	2016年	2017年	2018年
巴西	134.0	152.4	184.9	190.9	170.5	169.8	185.6	208.3
澳大利亚	141.0	140.7	159.3	185.1	185.4	148.0	148.5	166.2
印度	126.8	145.0	188.1	208.2	180.6	176.4	184.9	155.6
美国	126.3	111.2	117.4	116.7	102.8	115.9	129.7	143.2
新西兰	50.3	51.7	52.9	57.9	63.9	58.7	59.3	63.3
加拿大	42.7	33.6	33.3	38.0	39.8	44.3	46.1	50.2
阿根廷	21.3	16.4	18.6	19.7	18.6	21.6	29.3	50.8
乌拉圭	32.0	36.0	34.0	35.0	37.3	42.1	37.8	36.5
巴拉圭	19.7	25.1	32.6	38.9	38.1	38.9	43.6	46.6
欧盟	44.5	29.6	24.4	30.1	30.3	34.4	36.9	35.1
世界牛肉出口量	806.3	816.9	923.9	999.7	954.5	942.2	996.2	1 055.3

资料来源：美国农业部网站。

2. 我国牛肉产业发展现状

(1) 我国牛肉产量和结构 我国是世界最大的肉类生产国。肉类产业在国民经济中占据重要地位，对促进畜禽生产、发展农村经济、增加农民收入、满足人民生活需要发挥着重要作用。近年来，我国牛肉产量保持稳定增长。国家统计局数据显示，2018 年，我国牛肉产量 644.0 万 t，比 2011 年增长 33.3 万 t（图 1－1）。

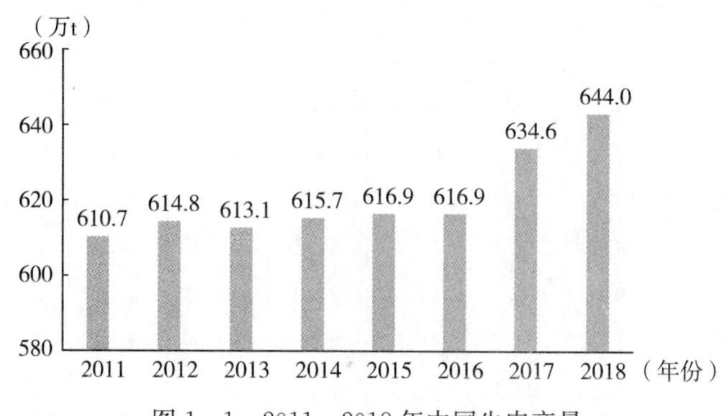

图 1－1 2011—2018 年中国牛肉产量
资料来源：国家统计局。

近年来，我国肉类生产结构不断优化。我国肉类生产结构中猪肉占比最高，其次为禽肉，牛肉排在第三位。国家统计局数据显示，2018 年，猪肉、禽肉、牛肉、羊肉和杂畜肉产量占比分别为 62.6％、23.1％、7.5％、5.5％和 1.3％，相比 2011 年的肉类生产结构，猪肉和牛肉比重有所下降，羊肉和禽肉比重有所上升。该比重的变化也反映了我国肉类消费的多元化。

从区域分布看，我国牛的养殖地较为集中。从养殖情况看，第一梯队是四川和云南，2017 年底，牛存栏数都达到了 800 万头以上；第二梯队中，内蒙古、西藏、青海、贵州、黑龙江、新疆、甘肃和山东 2017 年底牛存栏数在 400 万头以上（表 1－5）。2017 年底，前十省份的牛存栏总量占全国比重为 63.1％。

表 1－5 牛饲养量第一和第二梯队省份 2011—2017 年牛存栏数

单位：万头

序号	省份	2011 年	2012 年	2013 年	2014 年	2015 年	2016 年	2017 年
第一梯队	四川	968.3	940.2	949.7	983.9	985.3	969.5	853.2
	云南	745.7	747.2	617.9	750.8	756.8	789.9	810.9

（续）

序号	省份	2011年	2012年	2013年	2014年	2015年	2016年	2017年
第二梯队	内蒙古	634.5	625.0	612.4	630.6	671.0	654.9	656.2
	西藏	614.9	600.8	617.9	613.1	616.1	610.0	592.6
	青海	442.4	425.2	452.2	452.9	455.3	483.7	546.6
	贵州	467.1	461.0	460.6	495.9	536.0	518.3	492.4
	黑龙江	518.8	519.8	495.4	502.2	510.7	494.4	489.3
	新疆	318.2	365.9	371.1	383.9	396.9	408.2	433.0
	甘肃	433.9	425.6	432.1	454.6	450.7	446.6	424.3
	山东	492.9	499.3	500.1	495.4	503.6	495.7	401.5
第一梯队与第二梯队总计		5 636.7	5 610.0	5 509.4	5 763.3	5 882.4	5 871.2	5 700.0
全国		9 384	9 137.3	8 985.8	9 007.3	9 055.8	8 834.5	9 038.7

资料来源：国家统计局。

从2017年牛肉生产情况看，牛的屠宰加工地与养殖主产地重合率较低，产量前5位的省份分别是山东、内蒙古、河北、黑龙江和新疆，2017年5省份牛肉产量都在40万t以上（表1-6）。但是，除内蒙古外，其他4个省份都不是牛存栏数排名前5位的省份。

表1-6　2017年牛肉产量排名前10位省份2011—2017年牛肉产量

单位：万t

序号	省份	2011年	2012年	2013年	2014年	2015年	2016年	2017年
1	山东	66.2	67.0	67.9	66.6	67.9	67.0	75.9
2	内蒙古	49.7	51.2	51.8	54.5	52.9	55.6	59.5
3	河北	54.5	55.3	52.3	52.4	53.2	54.3	55.6
4	黑龙江	39.3	39.7	39.7	40.6	41.6	42.5	43.9
5	新疆	33.8	36.2	37.8	39.2	40.4	42.5	43.0
6	吉林	43.4	45.0	45.0	46.0	46.6	47.1	38.0
7	云南	30.7	51.0	31.8	33.6	34.3	35.2	35.8
8	河南	82.0	80.4	80.6	82.1	82.6	83.0	35.0
9	四川	28.9	29.3	31.1	33.4	35.4	36.9	33.3
10	辽宁	42.0	43.2	43.2	42.8	40.3	41.6	25.1
排名前10位共计		470.5	498.3	481.2	491.2	495.2	505.7	445.1
全国		610.7	614.7	613.1	615.7	616.9	616.9	634.6

资料来源：国家统计局。

（2）我国牛肉进出口现状 近年来，我国肉类产业发展受到人口、资源、环境等因素的严重制约，不能完全满足国内市场日益增长的需求，肉类进口需求量快速增加，牛肉进出口贸易格局也发生了较大变化。国家统计局数据显示，2018 年，我国大陆牛肉进口量激增至 106.3 万 t。其中，前三大进口来源国巴西、乌拉圭和阿根廷的牛肉占比高达 69.1%，南美地区成为中国牛肉进口的主要来源地。虽然来自澳大利亚的牛肉同比增幅达 57%，但是占我国市场份额呈逐年下降趋势。我国肉类进口主要是品种和结构调剂，进口肉类中的牛肉占比较高。牛肉出口方面，近年来我国牛肉出口量一直较低，2018 年我国牛肉出口量仅 0.04 万 t（图 1-2）。

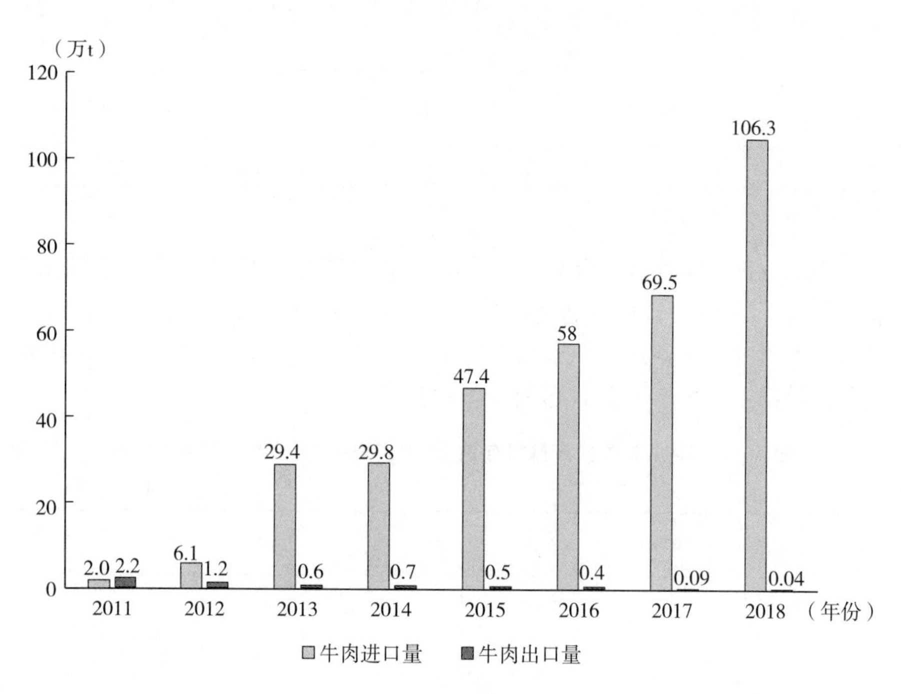

图 1-2　2011—2018 年中国牛肉进、出口量

资料来源：UN Comtrade 数据库，SITC 分类（第四版）。

（3）我国牛肉需求现状 从产品形式看，我国牛肉产品的供给侧存在低端供给过剩、高端供给不足的现状，市场供应品种不断丰富。2018 年，肉制品产量占肉类总产量的 19.9%，而发达国家这一比例超过 50%；发达国家的肉制品中 90%为冷鲜肉，而我国牛肉冷鲜肉市场份额仍处于较低水平；方便食品比重很低；肉类产品冷链流通比例约为 15%，冷链物流各环节缺乏系统化、规范化、连贯性的运作；西式肉制品多，中式肉制品少；肉类产品同质化问题仍较为突出，产品创新能力不足；牛肉深加工

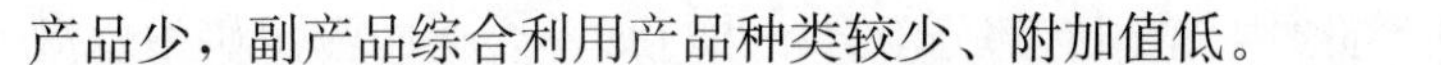

产品少，副产品综合利用产品种类较少、附加值低。

随着我国牛肉产业的发展，近年来我国牛肉产品细分程度不断加深，深加工产品比例不断上升，新产品不断涌现。由于冷鲜牛肉、低温牛肉制品加工和保鲜技术的发展，以及冷链系统不断完善，我国的冷鲜肉和小包装分割牛肉的市场份额未来将进一步提升；肉类消费市场将以冷鲜肉、低温肉制品、调理肉制品和中温肉制品为主体，肉品的冷链流通比例也将不断提升。从牛肉产品的包装形式看，发达国家牛肉产品以鲜切肉、包装肉为主，没有涮肉消费；而我国除了牛肉产品的精细分割产品外，为了满足涮肉的消费需求，牛肉卷产品发展势头良好。此外，由于牛杂深加工附加值较高，也越来越受到生产企业的重视。

从肉类消费结构看，我国居民长久以来以猪肉消费为主，牛肉消费占肉类消费的比重相对较低。从消费数量上看，我国人均牛肉消费量呈上升趋势。根据《中国统计年鉴》数据，2013年我国居民人均牛肉消费量为1.5kg，2017年上升至1.9kg，增长26.7%。我国牛肉的地域和城乡消费也有显著差异。从地域上看，我国西北地区和华北地区居民牛肉消费量相对较高。例如，2017年青海、新疆、内蒙古和宁夏地区居民人均牛肉消费量分别达5.3kg、4.6kg、4.3kg和3.6kg。从城乡上看，我国城镇居民牛肉消费量长期高于农村，2017年我国城镇居民人均牛肉消费量2.6kg，农村居民人均牛肉消费量仅为0.9kg。随着收入水平的不断提升，虽然城镇居民牛肉消费量整体上仍呈上升趋势，但是农村居民人均牛肉消费量近年来增幅较大，与城镇居民牛肉消费量的差距正在不断缩小。

从消费方式来看，牛肉消费以餐饮消费和生鲜消费为主。牛肉的餐饮消费以火锅、烧烤和西餐为主。牛杂也是深受我国居民喜爱的产品，在全国各地均有牛杂产品的消费。

（4）我国牛肉食品安全现状　根据农业农村部的监测数据，2018年我国农产品抽检总体合格率为97.5%。畜禽产品合格率为98.6%，牛肉的抽检合格率为98.6%，畜产品“瘦肉精”的抽检合格率为99.7%。近年来，农业农村部与国家市场监督管理总局加大了对我国畜禽食品和农兽药残留的监督抽检与风险监测，各地公安机关持续深入开展以食品领域为重点的打假“利剑”行动，企业生产经营行为得到了进一步规范，生产条件和经营环境更加符合食品安全和卫生要求。

但是，我国牛肉屠宰环节依然存在一些影响牛肉质量安全的隐患，我国牛屠宰企业以中小企业为主，还存在屠宰操作过程不够规范、技术装备水平偏低、检疫与产品检测能力较为薄弱等问题。目前，检出禁用兽药和兽药残留是造成牛肉不合格的主要原因，如牛肉中检出盐酸克仑特罗等

“瘦肉精”物质。此外，全国有部分不合格牛（如不合格的淘汰奶牛、淘汰种牛等）进入屠宰环节，进而流向市场。由于此类产品成本低，价格优势明显，对规模企业产品造成了较大冲击，也埋下了肉品安全隐患。为保障安全、优质牛肉产品的供应，有必要进一步提高我国牛屠宰企业的规范化水平。

二、牛屠宰行业现状

1. 发达国家牛屠宰产业现状

发达国家牛屠宰加工业集中度高。在养殖场规模化发展的同时，发达国家牛屠宰加工企业纵向一体化程度加深，屠宰加工业集中度逐渐增强。在澳大利亚、美国、欧盟等地牛肉屠宰加工技术和装备水平先进，现代化运营能力强。在牛的屠宰过程中自动化应用普遍，尤其是吊挂，剥皮，分割后的牛柳、西冷、眼肉、上脑、肩肉等部位肉传送，物流配送以及副产品加工等环节。以分割后部位肉传送为例，员工将分割后的各个部位肉都贴上标签后放在传送带上，专门的软件识别系统能够准确将不同部位肉送至相应的传送带上，再进行包装。

澳大利亚是世界牛肉生产大国和生产强国，每年大约屠宰 900 万头牛。在澳大利亚从事牛屠宰加工的企业必须由政府批准，硬件和软件达到条件才能获得许可。除农民自食可以自行宰杀外，其余均由加工企业屠宰。澳大利亚牛的加工企业整体数量较少，如昆士兰是澳大利亚最大的肉牛生产地区，仅有牛羊屠宰加工厂 10 余个。但是，标准化程度均较高。澳大利亚牛屠宰加工厂的质量控制非常严格：第一，厂区卫生水平高。屠宰前将牛冲洗干净，通常在屠宰前观察 12 h，期间冲洗牛体 4 次，牛体基本无可见污物。第二，屠宰操作环节限制员工用手直接触摸牛胴体。如在预剥皮环节，须用无菌纸贴在牛臀部，目的在于当操作人员必须触摸牛胴体时，通过无菌纸触摸，可避免直接触摸胴体。第三，严格消毒。工人进入车间，除手部清洗消毒外，还要对脚底部、胶鞋进行清洗。每一道操作工序均设有电热消毒水箱，内置 82℃～83℃热水，每个岗位配备 2 把刀具，消毒后轮换使用。每天生产完毕，对工具设备全部消毒。第四，严格预防交叉污染。在车间内，不同岗位工人戴不同颜色的帽子。如操作工人戴蓝色帽子，质检员戴黄色帽子，拾碎肉人员戴红色帽子。此外，参观路线的安排也是从最洁净区（分割环节），进入次洁净区（屠宰环节），最后进入非洁净区（待宰环节）。

在发达国家，为肉类工业提供装备的肉类加工机械行业已经发展成为

一个完整的工业体系，肉类工业加工设备的机械化、自动化、智能化程度很高，产值相当可观。由于不断运用新原理、新技术、新工艺、新材料，促进了发达国家肉类机械工业的发展，也推动了肉类产品质量安全的提升。质量可靠、稳定，标准化、通用化、系列化程度较高。

2. 我国牛屠宰产业现状

我国牛屠宰产业发展大致可分为3个阶段：

第一阶段，新中国成立至20世纪70年代末，为起步阶段。1953年12月，我国取消私人屠宰商，在商业部成立中国食品公司，负责统一领导全国副食品的供应工作。1954年1月，中国食品公司正式成立。1955年8月，国务院发布《关于统一领导屠宰厂及场内卫生和兽医工作的规定》，将分散在农业、卫生、供销、外贸等部门的屠宰厂统一划归商业部所属的食品公司及分支机构领导。这一时期我国开始学习借鉴先进国家牲畜屠宰工艺，逐步引进了先进的牲畜屠宰加工机械设备。

第二阶段，改革开放至20世纪末，为提速发展阶段。改革开放促进了肉类产业的快速发展，大量国营企业转制，一批新型的牛屠宰加工企业开始出现，自动化屠宰工艺和机械化屠宰设备得以快速推广。据1996年的统计，我国牛的年屠宰加工能力达600万头。

第三阶段，2000年至今，为开拓发展期。我国牛屠宰加工行业发展以市场为导向，立足资源优势，在政策的推动下逐步向牛优势主产区和主要消费地区集聚，行业集中度逐步提高，屠宰加工的自动化、标准化水平进一步提升。

当前，我国牛屠宰与加工技术正逐渐成熟，成套屠宰设备、电致昏设备、机械剥皮设备等现代化屠宰加工设备的引进和一些新技术在屠宰加工领域里的广泛应用，使得我国的牛屠宰技术水平大幅提高。牛屠宰加工业产业升级、品牌建设力度增强；牛屠宰企业不断提升产品质量控制力度，严格控制牛的来源，严把检验检疫关，提高屠宰加工效能。引入先进的屠宰加工设备，对各屠宰环节实施标准化、规范化管理，建立危害分析和关键控制点（HACCP）等体系；不断加强物流和销售环节控制，通过提高精深加工产品比例来丰富产品种类。

但是，我国牛屠宰行业还存在一些问题。第一，我国牛屠宰行业集中度低，大型现代化牛屠宰企业数量占比不到10%，企业两极分化严重，中小企业现代化运营能力不强。此外，由于牛养殖量下降以及小型牛屠宰厂与大型企业争夺牛源，导致大型牛屠宰加工企业屠宰量占比较低，产能利用率低。小型屠宰企业较低的成本也导致了屠宰加工行业“劣币驱逐良币”现象的发生。第二，牛屠宰环节利润不高。我国牛屠宰环节资金投入大，流动资金需求主要集中在牛的采购环节。但是，屠宰环节利润不高，综合性屠宰加工企业的利润通常是来自于肉制品业务。第三，自动化和深加工水平还有待提高。牛自动剥皮机的应用还不够广泛，副产品成套设备的使用还较少。副产品综合利用程度较低，深加工副产品较少。

三、相关法律法规及标准

为保证我国牛肉及其制品的质量安全，促进畜牧业健康可持续发展，我国出台了众多的相关法律法规与标准。与牛肉屠宰相关的主要法律法规有《中华人民共和国食品安全法》《中华人民共和国农产品质量安全法》《中华人民共和国动物防疫法》《中华人民共和国进出境动植物检疫法》等。此外，还有一系列规章、标准和其他规范性文件。

1. 相关法律法规

(1)《中华人民共和国食品安全法》 本法规定了食品、食品添加剂、食品相关产品与食用农产品的风险评估、安全标准、生产经营过程安全控制、食品检验、安全事故处置、监督管理与处罚等相关内容。本法第二条明确规定："供食用的源于农业的初级产品（以下称食用农产品）的质量安全管理，遵守《中华人民共和国农产品质量安全法》的规定。但是，食用农产品的市场销售、有关质量安全标准的制定、有关安全信息的公布和本法对农业投入品作出规定的，应当遵守本法的规定。"

(2)《中华人民共和国动物防疫法》 本法旨在加强对动物防疫的管理，预防、控制和扑灭动物疫病，促进养殖业的发展，保护人体健康，维护公共卫生安全，适用于在中华人民共和国领域内的动物防疫及其监督管理活动。本法所规定的动物包括家畜家禽和人工饲养、合法捕获的其他动物。本法主要内容包括动物疫病的预防、动物疫情的报告通报公布、动物疫病的控制与扑灭、动物与动物产品的检疫、动物诊疗、监督管理、保障措施与法律责任等。牛屠宰检疫的法律依据主要是本法，检疫重点为动物传染病、寄生虫病。动物卫生监督机构的官方兽医具体实施动物、动物产品检疫。

(3)《中华人民共和国农产品质量安全法》 本法是为保障农产品质量安全、维护公众健康、促进农业和农村经济发展制定的。本法所称农产品，是指来源于农业的初级产品，即在农业活动中获得的植物、动物、微生物及其产品。本法主要内容包括农产品质量安全标准、农产品产地要

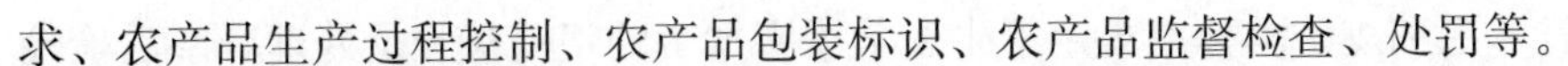

求、农产品生产过程控制、农产品包装标识、农产品监督检查、处罚等。

(4)《动物检疫管理办法》（农业部令2010年第6号） 根据《中华人民共和国动物防疫法》规定制定本办法，旨在加强动物检疫活动管理，预防、控制和扑灭动物疫病，保障动物及动物产品安全。本办法规定动物卫生监督机构应当根据检疫工作需要，合理设置动物检疫申报点，并向社会公布动物检疫申报点、检疫范围和检疫对象。主要内容包括检疫申报、产地检疫、屠宰检疫、水产检疫、动物检疫、检疫审批、检测监督与罚则等。

(5)《动物防疫条件审查办法》（农业部令2010年第7号） 旨在规范动物防疫条件审查，有效预防控制动物疫病，维护公共卫生安全，动物屠宰加工场所以及动物和动物产品无害化处理场所，应当符合本办法规定的动物防疫条件。本办法主要内容包括养殖场所防疫条件、屠宰加工场所防疫条件、隔离场所防疫条件、无害化处理场所防疫条件、集贸市场防疫条件、审查发证、监督管理与罚则等。对于屠宰加工场所，需要具有相应的防疫条件、设施设备等。

(6)《反刍动物产地检疫规程》（农医发〔2010〕20号） 本规程规定了反刍动物（含人工饲养的同种野生动物）产地检疫的检疫范围（牛、羊、鹿和骆驼）、检疫对象、检疫合格标准、检疫程序、检疫结果处理和检疫记录。本规程适用于国内反刍动物的产地检疫及省内调运种用、乳用反刍动物的产地检疫。

(7)《牛屠宰检疫规程》（农医发〔2010〕27号　附件3） 本规程规定了牛进入屠宰场（厂、点）监督查验、检疫申报、宰前检查、同步检疫、检疫结果处理以及检疫记录等操作程序，适用于中华人民共和国境内牛的屠宰检疫。

(8)《病死及病害动物无害化处理技术规范》（农医发〔2017〕25号） 本规范规定了病死及病害动物和相关动物产品无害化处理的技术工艺及操作注意事项，处理过程中病死及病害动物和相关动物产品的包装、暂存、转运、人员防护和记录等要求。本规范适用于国家规定的染疫动物及其产品、病死或者死因不明的动物尸体，屠宰前确认的病害动物、屠宰过程中经检疫或者肉品品质检验确认为不可食用的动物产品，以及其他应当进行无害化处理的动物及动物产品。

2. 相关标准

(1)《牛羊屠宰产品品质检验规程》（GB 18393—2001） 本标准规定的牛羊屠宰产品指牛、羊屠宰后的胴体、内脏、头、蹄、尾，以及血、骨、毛和皮。本标准规定了牛、羊屠宰加工的宰前检验及处理，宰后检验及处理。本标准适用于牛、羊屠宰加工厂（场），不涉及传染病和寄生虫病的检验及处理。

(2)《畜禽肉水分限量》（GB 18394—2001） 本标准规定了畜禽肉水分限量指标、测定方法等要求，适用于鲜冻猪肉、牛肉、羊肉和鸡肉。牛肉水分限量指标为不大于77%。

(3)《畜禽屠宰HACCP应用规范》（GB/T 20551—2006） 本标准规定了畜禽加工企业HACCP体系的总要求以及文件、良好操作规范、卫生标准操作程序、标准操作程序、有害微生物检验和HACCP体系的建立规程方面的要求，提供了畜禽屠宰HACCP计划模式表，适用于畜禽屠宰加工企业HACCP体系的建立、实施和相关评价活动。

(4)《鲜、冻四分体牛肉》（GB/T 9960—2008） 本标准规定了鲜、冻四分体牛肉的相关术语和定义、技术要求、检验方法、检验规则、标志、储存和运输。本标准适用于健康活牛经屠宰、冷加工后，用于供应市场销售、肉制品及罐头原料的鲜、冻四分体牛肉。

(5)《鲜、冻分割牛肉》（GB/T 17238—2008） 本标准规定了鲜、冻分割牛肉的相关术语和定义、产品分类、技术要求、检验方法、检验规则、标志、包装、运输和储存。本标准适用于鲜、冻带骨牛肉按部位分割、加工的产品。

(6)《牛胴体及鲜肉分割》（GB/T 27643—2011） 本标准规定了牛胴体及鲜肉分割方法，适用于各类肉牛屠宰加工企业。胴体指牛经宰杀放血后，除去皮、头、蹄、尾、内脏及生殖器（母牛去除乳房）后的躯体部分。

(7)《畜禽肉冷链运输管理技术规范》（GB/T 28640—2012） 本标准规定了畜禽肉的冷却冷冻处理、包装及标识、储存、装卸载、节能要求以及人员的基本要求。本标准适用于生鲜畜禽肉从运输准备到实现最终消费前的全过程冷链运输管理。

(8)《食品安全国家标准　食品生产通用卫生规范》（GB 14881—2013） 本标准规定了食品生产过程中原料采购、加工、包装、储存和运输等环节的场所、设施、人员的基本要求和管理准则。本标准适用于各类食品的生产，如确有必要制定某类食品生产的专项卫生规范，应当以本标准作为基础。

(9)《食品安全国家标准　鲜（冻）畜、禽产品》（GB 2707—2016） 本标准适用于鲜（冻）畜、禽产品，不适用于即食生肉制品。鲜畜、禽肉指活畜（猪、牛、羊、兔等）、禽（鸡、鸭、鹅等）宰杀、加工后，不经过冷冻处理的肉。冻畜、禽肉指活畜（猪、牛、羊、兔等）、禽（鸡、鸭、

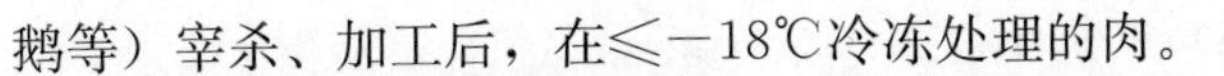

鹅等）宰杀、加工后，在≤−18℃冷冻处理的肉。

（10）《食品安全国家标准　畜禽屠宰加工卫生规范》（GB 12694—2016）　本标准规定了畜禽屠宰加工过程中畜禽验收、屠宰、分割、包装、储存和运输等环节的场所、设施与设备、人员的基本要求和卫生控制操作的管理准则。本标准适用于规模以上畜禽屠宰加工企业。

（11）《牛羊屠宰与分割车间设计规范》（GB 51225—2017）　本标准适用于新建、扩建和改建的牛羊屠宰与分割车间的设计。本标准旨在为提高牛羊屠宰与分割车间的设计水平，满足食品加工安全与卫生的要求。

（12）《鲜、冻肉生产良好操作规范》（GB/T 20575—2019）　本标准规定了鲜、冻肉生产的选址及厂区环境、厂房和车间、设施与设备、生产原料要求、检验检疫、生产过程控制、包装、储存与运输、产品标识、产品追溯与召回管理、卫生管理及控制、记录和文件管理。本标准适用于供人类消费的鲜猪（牛、羊、家禽等）、冻猪（牛、羊、家禽等）产品［包括直接或经进一步加工后供食用的鲜猪（牛、羊、家禽等）、冻猪（牛、羊、家禽等）产品］的生产。

（13）《畜禽屠宰卫生检疫规范》（NY 467—2001）　本标准规定了畜禽屠宰检疫的宰前检疫、宰后检验及检验检疫后处理的技术要求。本标准适用于所有从事畜禽屠宰加工的单位和个人。

（14）《家畜屠宰质量管理规范》（NY/T 1341—2007）　本标准规定了家畜屠宰加工的基础设施、卫生管理、屠宰过程控制、质量检验、包装储存和运输的基本要求。本标准适用于家畜（猪、牛、羊、兔）屠宰的质量管理。

（15）《冷却肉加工技术规范》（NY/T 1565—2007）　本标准规定了冷却肉加工的术语和定义、技术要求、标签与标志、包装、储存与运输。本标准适用于冷却猪肉、牛肉和羊肉的生产加工。

（16）《农产品质量安全追溯操作规程　畜肉》（NY/T 1764—2009）本标准规定了畜肉质量追溯的术语和定义、要求、信息采集、信息管理、编码方法、追溯标识、体系运行自查和质量安全问题处置。本标准适用于猪、牛、羊等畜肉质量安全追溯。

（17）《生鲜畜禽肉冷链物流技术规范》（NY/T 2534—2013）　本标准规定了生鲜畜禽肉冷链物流过程的术语和定义、冷加工、包装、储存、运输、批发及零售的要求。本标准适用于生鲜畜禽肉从冷加工到零售终端的整个冷链物流过程中的质量控制。

（18）《畜禽屠宰术语》（NY/T 3224—2018）　本标准规定了畜禽屠宰的一般术语、宰前术语、屠宰过程术语、宰后术语和屠宰设施与设备术语。本标准适用于畜禽屠宰加工。

（19）《畜禽屠宰冷库管理规范》（NY/T 3225—2018） 本标准规定了畜禽屠宰用冷库的术语和定义、基本要求、库房管理、产品加工和储存管理、制冷系统运行管理、电气给排水系统运行管理、安全设施管理、人员要求、建筑物维护的要求。本标准适用于畜禽屠宰企业对其屠宰的畜禽产品首次进行冷却、冻结加工和冷藏的冷库。

（20）《屠宰企业畜禽及其产品抽样操作规范》（NY/T 3227—2018） 本标准规定了屠宰企业畜禽及其产品的抽样要求、抽样方法以及样品的包装、标记、保存和运输要求。本标准适用于屠宰畜禽及产品抽样。

（21）《畜禽屠宰企业信息系统建设与管理规范》（NY/T 3228—2018） 本标准规定了畜禽屠宰企业信息系统建设与管理的术语、定义和缩略语、信息资源管理要求、数据汇交要求、接口要求及畜禽屠宰企业生产批次编码组成。本标准适用于生猪等畜禽屠宰统计报表制度涉及的样本畜禽屠宰企业信息系统建设和数据上报流程管理。

第 2 章

牛屠宰相关基础知识

一、牛的解剖学基础知识

牛解剖学是牛屠宰与分割的技术基础，充分掌握牛的解剖学特点，有助于理解牛的屠宰与分割操作要点，提升操作人员屠宰与分割的技能。

1. 外形

根据牛的外形特征，通常可以将牛划分为颅部、面部、背部、腰部、臀部、腹部等多个部位（图 2-1）。根据牛肌肉产品所在的部位，一般分

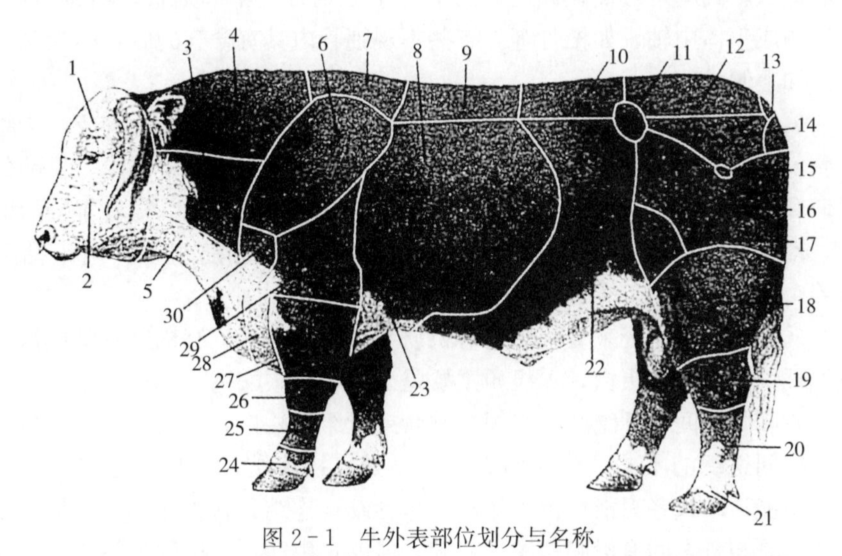

图 2-1　牛外表部位划分与名称

（引自 McCracken et al.，1999）

1. 颅部　2. 面部　3. 颈侧部　4. 颈背侧部　5. 颈腹侧部　6. 肩带部　7. 鬐甲部　8. 胸侧部（肋部）　9. 背部　10. 腰部　11. 髋结节　12. 荐部　13. 坐骨结节　14. 臀部　15. 髋关节　16. 大腿部（股部）　17. 膝关节　18. 小腿部　19. 跗部　20. 跖部　21. 趾部　22. 腹部　23. 胸骨部　24. 指部　25. 掌部　26. 腕部　27. 前臂部　28. 胸前部　29. 臂部　30. 肩关节

为小黄瓜条、米龙、大黄瓜条、里脊、外脊等。

2. 骨骼与关节

骨主要由骨组织构成，其坚硬而富有弹性，有丰富的血管和神经，能不断地进行新陈代谢和生长发育，并具有修复和再生能力。骨具有支架、保护和支重作用。骨基质内有大量钙盐和磷酸盐沉积，是牛体的钙、磷库，参与体内的钙、磷代谢与平衡。骨髓具有造血和防卫功能。

从骨的分类来看，骨依据其形态和功能可以分为长骨、短骨、扁骨、不规则骨。长骨呈长管状，分为骨体和骨端。骨体又名骨干，为长骨的中间较细部分，骨质致密，内有空腔，称为骨髓腔，含有骨髓。长骨多分布于四肢游离部，主要作用是支持体重和形成运动杠杆。短骨略呈立方状，大部分位于承受压力较大而运动又较复杂的部位，多成群分布于四肢的长骨之间，如腕骨和跗骨，有支持、分散压力和缓冲震动的作用。扁骨呈宽扁板状，分布于头、胸等处。常围成腔，支持和保护重要器官，如颅腔各骨保护脑，胸骨和肋参与构成胸廓以保护心、肺、脾、肝等。扁骨也为骨骼肌提供广阔的附着面，如肩胛骨等。不规则骨呈不规则状，功能多样，一般构成牛体中轴，如椎骨等。有些不规则骨内具有含气的腔，称为含气骨，如上颌骨等。

从骨的构造来看，骨由骨膜、骨质、骨髓、血管、神经等构成。骨膜在营养、修补、再生和感觉方面有重要作用。骨质具有支架作用。骨髓分红髓和黄髓，胎儿及幼龄动物都是红骨髓，具有造血功能。随着年龄的增长，动物的红骨髓由黄骨髓替代。黄骨髓主要是脂肪组织，用于储存营养。

从骨的化学组成来看，骨由有机质和无机质组成。有机质主要包括骨胶原纤维和黏多糖蛋白，无机质主要是磷酸钙、碳酸钙、氟化钙等。

骨和骨之间借纤维结缔组织、软骨或骨组织相连，形成骨连接。根据骨连接间组织的不同，分为两大类：一是直接连结，骨与骨之间没有腔隙，不能活动或者只能小范围活动，包括纤维连结和软骨连结；二是间接连结，骨与骨之间有滑膜包围的腔隙，能够自由活动，也称为关节，是骨连接中比较普遍的形式。

牛全身骨骼可以划分为中轴骨、内脏骨和四肢骨（图 2－2）。中轴骨构成牛体的中轴，包括躯干骨和头骨。内脏骨位于内脏器官或者柔软器官内。四肢骨即牛的前肢和后肢的骨骼。

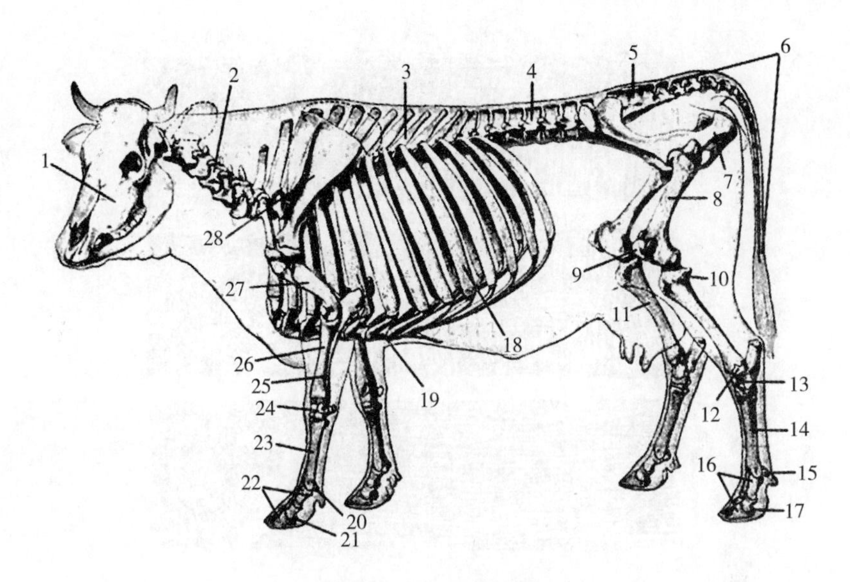

图 2-2　牛全身骨骼

（引自董常生等，《家畜解剖学》，2015）

1. 头骨　2. 颈椎　3. 胸椎　4. 腰椎　5. 荐椎　6. 尾椎　7. 坐骨　8. 股骨　9. 髌骨　10. 腓骨　11. 胫骨　12. 踝骨　13. 跗骨　14. 跖骨　15. 后肢近籽骨　16. 趾骨　17. 后肢远籽骨　18. 肋　19. 胸骨　20. 前肢近籽骨　21. 前肢远籽骨　22. 指骨　23. 掌骨　24. 腕骨　25. 尺骨　26. 桡骨　27. 肱骨　28. 肩胛骨

3. 肌肉

肌肉能接受刺激发生收缩，是机体活动的动力器官。从肌肉的组成来看，肌肉由肌腹和肌腱组成。肌腹位于肌肉中间部分，由致密结缔组织构成。肌腱是肌肉的两端与骨相连的结缔组织，它不能收缩，但具有很强的韧性和拉张力。肌肉的辅助器官包括筋膜、黏液囊、腱鞘、滑车、籽骨。

从肌肉的分类来看，根据其形态、机能和位置不同，可分为骨骼肌、平滑肌、心肌（图 2-3）。骨骼肌主要附着在骨骼上，收缩能力强，其肌纤维在显微镜下呈横纹结构，也称横纹肌。平滑肌主要分布在内脏和血管。心肌分布于心脏。牛体浅层肌见图 2-4。

4. 内脏

内脏是指大部分位于胸、腹、骨盆腔等体腔内的管道系统，经一端或两端的开口与外界相通，在神经系统和体液的调节下，直接参加机体新陈代谢和生殖的功能活动系统。内脏包括消化系统、呼吸系统、泌尿系统和

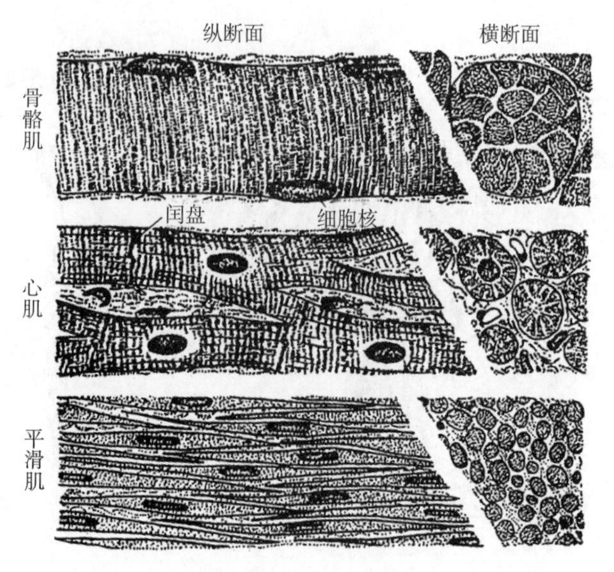

图 2-3　三种肌组织

（引自滕可导，《家畜解剖学与组织胚胎学》，2006）

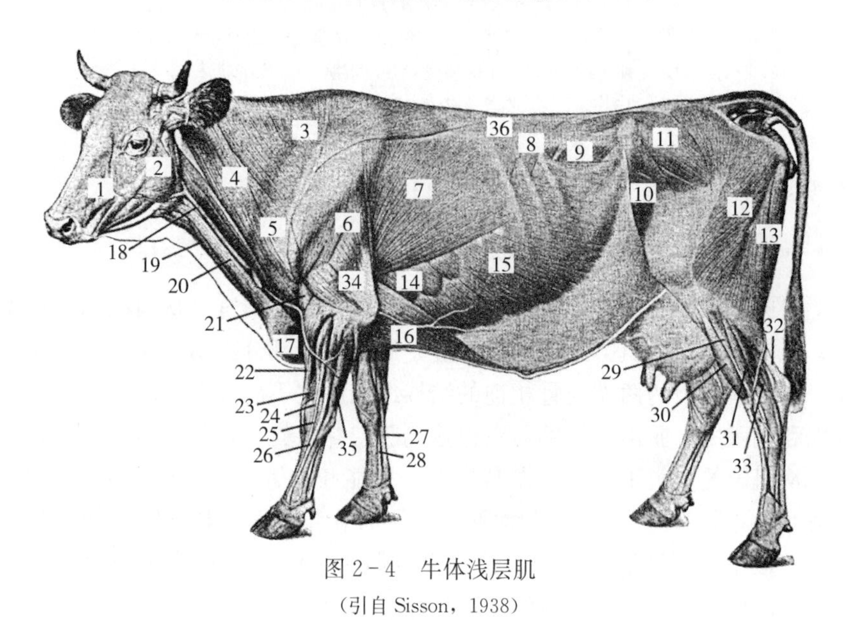

图 2-4　牛体浅层肌

（引自 Sisson，1938）

1. 鼻唇提肌　2. 咬肌　3. 斜方肌　4. 臂头肌　5. 肩胛横突肌　6. 三角肌　7. 背阔肌　8. 后背侧锯肌　9. 腹内斜肌　10. 阔筋膜张肌　11. 臀中肌　12. 臀股二头肌　13. 半腱肌　14. 胸腹侧锯肌　15. 腹外斜肌　16. 胸升肌　17. 胸浅肌　18. 颈静脉　19. 胸骨甲状舌骨肌　20. 胸头肌　21. 臂肌　22. 腕桡侧伸肌　23. 拇长外展肌　24. 指内侧伸肌　25. 指总伸肌　26. 指外侧伸肌　27. 指浅屈肌　28. 骨间中肌　29. 腓骨长肌　30. 第 3 腓骨肌　31. 趾外侧伸肌　32. 跟腱　33. 趾深屈肌　34. 臂三头肌　35. 腕尺侧伸肌　36. 背腰筋膜

生殖系统这 4 个系统。广义的内脏还包括体腔内的心脏、脾和内分泌腺等器官。

内脏按形态结构可分为管状器官和实质性器官（图 2-5、图 2-6）。管状器官是一端或两端与外界相通的管道，包括食管、胃、肠、气管、膀

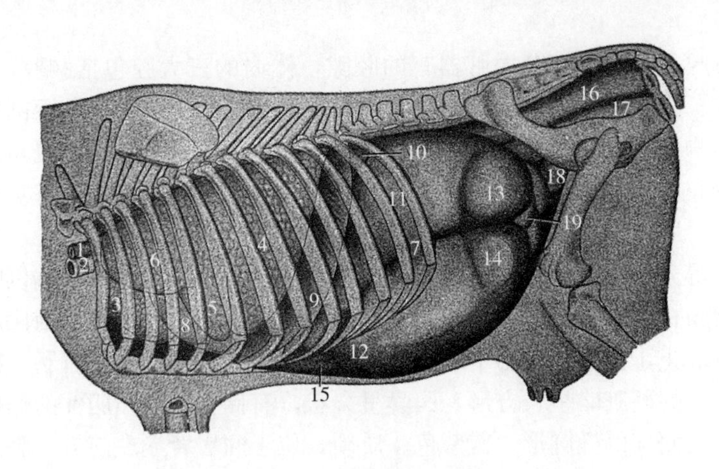

图 2-5　牛内脏（左侧）

（引自 Popesko，1979）

1. 食道　2. 气管　3. 右肺前叶前部　4. 左肺后叶　5. 左肺前叶后部　6. 左肺前叶前部　7. 瘤胃左纵沟　8. 心脏　9. 膈　10. 肝　11. 瘤胃背囊　12. 瘤胃隐窝　13. 后背盲囊　14. 后腹盲囊　15. 皱胃　16. 直肠　17. 阴道　18. 膀胱　19. 空肠

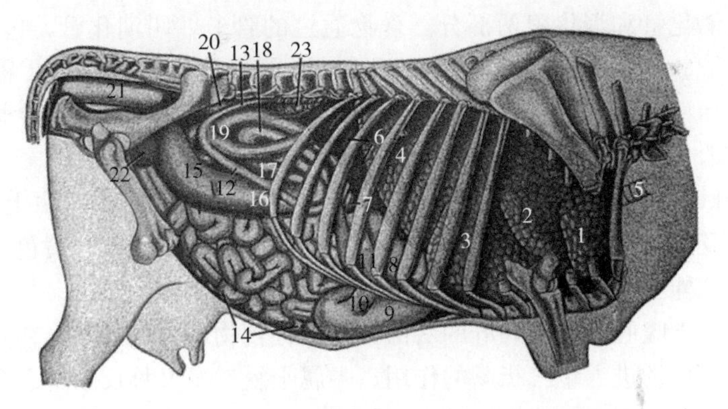

图 2-6　牛内脏（右侧）

（引自 Popesko，1979）

1. 右肺前叶前部　2. 右肺前叶后部　3. 右肺中叶　4. 右肺后叶　5. 气管　6. 肝　7. 胆囊　8. 瓣胃　9. 皱胃　10. 幽门　11. 十二指肠前部　12. 十二指肠降部　13. 十二指肠升部　14. 空肠　15. 盲肠　16. 盲结肠延续处　17、18. 升结肠近袢　19. 升结肠远袢　20. 降结肠　21. 直肠　22. 膀胱　23. 右肾

胱等。实质器官主要成分为上皮组织，包括肺、肝、肾、胰腺、卵巢等器官。实质器官的结构是由实质和间质组成，实质是实质性器官实现其功能的主要成分；间质是在实质器官的外表以及实质之间，有联系和支架作用，是结缔组织。实质器官常以导管开口于管状器官的管腔内，因而与外界相通。

体腔是容纳大部分内脏器官的腔隙，体内的三大腔包括胸腔、腹腔、骨盆腔。胸腔是以胸廓的骨骼、肌肉、皮肤和膈为周壁，呈截顶圆锥形的空腔。胸腔锥顶由第 1 胸椎、第 1 对肋和胸骨柄围成，锥底以膈与腹腔分隔。胸腔内包括心脏、肺、气管、食管和大血管等。牛腹腔器官主要包括胃、肠、肝、脾等。

牛胃分瘤胃、网胃、瓣胃和皱胃。前端以贲门接食管，后端以幽门与十二指肠相通。肠起自幽门，止于肛门，分小肠和大肠。小肠前段起于幽门，后端止于盲肠，分为十二指肠、空肠、回肠。大肠又分盲肠、结肠和直肠。牛的肝脏略呈长方形，胆囊呈梨状，有储存和浓缩胆汁的作用。牛脾脏呈长而扁的椭圆形、蓝紫色、质硬，位于瘤胃背囊左前方。脾的实质为脾髓，分为白髓和红髓。骨盆腔是位于骨盆内的空腔，可看作腹腔向后的延伸。骨盆内包含直肠、输尿管、膀胱，母畜的子宫后部和阴道，或者公畜的输精管、尿生殖道和副性腺。

（1）消化系统 消化系统的功能是摄取食物、消化食物、吸收养料和排出代谢产物，从而保证动物体新陈代谢的正常进行（图 2-7）。消化器官包括消化管和消化腺两部分。食物通过的管道，叫消化管，包括口腔、咽、食管、胃、大肠、小肠和肛门等。能分泌消化液的腺体，称为消化腺，包括唾液腺、肝、胰、胃腺、肠腺等。消化系统具有摄取食物，对食物进行消化吸收，将食物残渣排出体外等作用。

牛口腔由唇、颊、硬腭、软腭、口腔底、舌和齿组成。牛上唇厚短，其中部及两鼻孔间无毛而湿润，称为鼻唇镜。牛的下颌腺淡黄色，自寰椎窝向前延伸至下颌角内。咬肌位于下颌支的外面。

胃位于腹腔，在膈和肝的后部，有储存食物、分泌胃液、初步消化食物、推送食物进入十二指肠的作用。牛属于复胃（又称反刍胃、多室胃），分别为瘤胃、网胃、瓣胃、皱胃。前 3 个胃的功能为储存食物和发酵、分解纤维素。皱胃的功能为储存食物、分泌胃液、初步消化食物、推送食物进入十二指肠。

牛小肠位于腹腔右侧，长度约 40 m，直径 5 cm～6 cm，分为十二指肠、空肠、回肠，是食物进行消化和吸收的主要部位。

肝位于右季肋部，从第 6、7 肋骨下部延伸到第 2、3 腰椎腹侧，大致

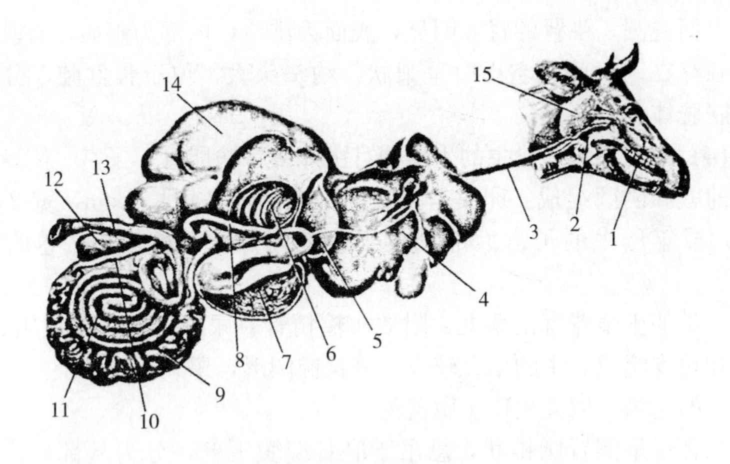

图 2-7　牛消化器官模式

（引自董常生等，《家畜解剖学》，2015）

1. 口腔　2. 咽　3. 食管　4. 肝　5. 网胃　6. 瓣胃　7. 皱胃　8. 十二指肠　9. 空肠　10. 回肠　11. 结肠　12. 盲肠　13. 直肠　14. 瘤胃　15. 腮腺

呈长方形，扁且厚，呈淡褐色或深红褐色，是牛体内最大的腺体，最主要的功能是分泌胆汁。此外，还有解毒、参与体内防御体系、物质代谢、造血、储血等功能。

胰呈黄褐色，位于右季肋区和肾部，包括外分泌部和内分泌部（也称胰岛）两部分。外分泌部为消化腺，分泌胰液，含多种消化酶，经胰管输入十二指肠，对淀粉、蛋白质和脂肪的消化有较强的作用。内分泌部分泌胰岛素和胰高血糖素，对糖代谢起重要作用。

大肠的长度为 6.4 m～10 m，位于腹腔右侧和骨盆腔，分为盲肠、结肠和直肠，具有消化吸收食糜中小肠未完全吸收的营养物质，最主要功能是吸收盐类、吸收水分以及形成粪便。

（2）呼吸系统　动物在新陈代谢过程中需要吸进氧气氧化体内的营养物质，同时将产生的二氧化碳等代谢产物排出体外，这个气体交换的过程就称为呼吸。牛的呼吸系统包括鼻、咽、喉、气管、支气管、肺等器官，以及胸膜和胸膜腔等。肺位于胸腔内纵隔的两侧，健康的肺为粉红色，呈海绵状，质软而轻，富有弹性。

（3）泌尿系统　动物在新陈代谢中产生的终产物和多余的水分，小部分是通过呼吸、汗液和粪便排出，而大部分是通过血液循环到达泌尿系统，形成尿液排出。牛的泌尿系统包括肾、输尿管、膀胱、尿道。

牛肾被脂肪囊包裹，为有沟多乳头肾，每个肾是由 16 个～22 个大小不一的肾叶组成。右肾呈长椭圆形，上下稍扁；左肾呈三棱形，前端较小，后端大而钝圆。牛肾的肾叶明显，表面为皮质，内部为髓质，肾乳头大部分单独存在。牛膀胱空虚时呈梨状，约拳头大，位于骨盆腔，分为膀胱顶、膀胱体和膀胱颈。

（4）生殖系统 母牛的生殖器官由卵巢、输卵管、子宫、阴道、尿生殖道前庭和阴门组成。卵巢呈稍扁的椭圆形，平均长 4 cm，宽 2 cm，厚 1 cm。成年母牛的子宫大部分位于腹腔内，子宫角较长，卷曲呈绵羊角状。

公牛的生殖器官由睾丸、附睾、输精管、尿生殖道、副性腺、阴茎、阴囊和包皮组成。牛的睾丸较大，呈长椭圆形，睾丸头位于上方，附睾位于睾丸的后缘，睾丸实质呈微黄色。

牛乳房呈倒置圆锥状，悬吊于耻骨部腹下壁，分为基部、体部和乳头部。

5. 脉管系统

脉管系统也称循环系统，是牛体内运输体液的管道系统。依据管道内体液性质不同，脉管系统可分为血管系统和淋巴系统。脉管系统主要的功能是运输，通过血液和淋巴将氧气和营养物质运输至全身各部组织和细胞，又将代谢产物二氧化碳、尿素等运送至肺、肾和皮肤排出体外。

（1）血管系统 心血管系统由心脏、动脉、毛细血管和静脉组成，其管腔内充满血液。心脏是推动血液循环的动力器官，呈左、右稍扁的倒圆锥体，前缘凸，后缘短而直，分左心房、左心室和右心房、右心室。心壁由心外膜、心肌和心内膜组成，外有心包，位于胸腔纵隔中，夹在左右肺间，稍偏左。

动脉是把血液从心运送至全身各部的血管。静脉是将血液由全身各部运输到心脏的血管。毛细血管是介于小动脉与小静脉之间，与周围组织进行物质交换的微小血管。

（2）淋巴系统 淋巴系统是由淋巴、淋巴管、淋巴组织和淋巴器官组成。淋巴是淋巴管内流动的液体，为无色或微黄色的液体。淋巴管是将淋巴输送入静脉的管道，其功能是协助体液回流至心脏。淋巴组织是牛体内含有大量淋巴细胞的组织，网状细胞的网膜中充满淋巴细胞。根据淋巴细胞聚集的紧密程度，将淋巴组织分成两种形态：一种是淋巴细胞排列疏松、没有特定外形，与周围的结缔组织没有明显分界，称为弥散淋巴组织，通常分布在消化管、呼吸道和泌尿生殖道的黏膜内，能够抵御细菌和异物的入侵；另一种是淋巴细胞排列紧密，与周围组织有结缔组织分界，称为密集淋巴组织。在有的脏器内，密集的淋巴组织形成球状或长索状，

分别称为淋巴小结和淋巴索。

淋巴器官是以淋巴组织为主形成的实质性器官，是牛体内主要的免疫器官。淋巴器官根据机能特点，分为初级淋巴器官和次级淋巴器官。初级淋巴器官也叫中枢淋巴器官，包括胸腺，胸腺是T淋巴细胞成熟的器官；次级淋巴器官也叫周围淋巴器官，包括脾、淋巴结、血淋巴结、扁桃体等。

胸腺在牛出生后仍继续生长到性成熟期最大，以后逐渐退化。胸腺的功能是产生T淋巴细胞，分泌胸腺素。淋巴结在淋巴管的通路上，淋巴结为灰黄色圆形或椭圆形小体，直径2 cm～3 cm，至长几十厘米等，每个淋巴结均有输入和输出淋巴管。淋巴结的功能是产生B淋巴细胞、T淋巴细胞，过滤、吞噬淋巴液中的细菌等异物以及参与机体免疫反应。

动物机体上的主要淋巴结包括下颌淋巴结、咽后（背）内侧淋巴结、颈浅淋巴结、髂下淋巴结、肝门淋巴结、腹股沟浅淋巴结、腘淋巴结、肠系膜淋巴结、髂内淋巴结。

下颌淋巴结位于下颌间隙、下颌血管切迹后方、颌下腺的外侧，由左右下颌角分别向后找到下颌腺后缘外侧，即可摸到被下颌腺覆盖的下颌淋巴结。咽后内侧淋巴结位于喉头后方、腮腺后缘深部，在两侧颞骨的前内侧。肝门淋巴结位于肝内，由脂肪和胰腺所覆盖。腹股沟浅淋巴结位于阴囊的上方、精索的后方、阴茎形成弯曲处的侧方。

脾是牛体内最大的淋巴器官，具有造血、储血、过滤血液、参与机体免疫活动等机能。牛脾呈扁椭圆形，为蓝紫色。血淋巴结的直径5 mm～12 mm，分布于主动脉附近、脏器的表面、血液循环的通路上。血淋巴结的功能为滤过血液。

二、牛屠宰的病理学基础知识

在屠宰前后检查牛是否患有传染病、寄生虫等疾病十分重要。动物传染病的发生和流行往往会导致巨大的经济损失，会对一个地区养殖业带来巨大的打击，恢复过程也十分漫长。牛常见的传染病包括口蹄疫、布鲁氏菌病、大肠杆菌病、结核病、沙门氏菌病、巴氏杆菌病、肺疫（牛传染性胸膜肺炎）、炭疽等。一旦牛群发生某种疫病，应及时准确治疗并采取综合防治措施。

牲畜的寄生虫以牲畜体内的营养成分为赖以生存的条件，常寄生于动物肠道、组织和血液中，消耗动物的营养，损伤局部组织，释放毒素等给动物带来较为严重的伤害，甚至导致动物死亡。牛常见的寄生虫病包括牛绦虫病、球虫病、囊尾蚴、螨虫病和肝片吸虫病（肝蛭病）等。

动物发生各种疾病后，会在淋巴、内脏、肌肉、体表等组织表现出相关的病理变化和相应的临床症状。因此，在牛的验收、宰前检验检疫、屠宰同步检验检疫等各环节中，通过检查牛的各组织病理变化，能够判定是否患有相关疾病。

1. 病变淋巴结

淋巴结能够反映机体病理状态，如果牛体内某个器官或局部发生病变或炎症时，细菌、毒素等异物通过淋巴管中的淋巴液扩散至附近的淋巴结中。为过滤、吞噬异物，淋巴结内细胞会迅速增殖，局部淋巴结将呈现出肿大的情况。牛屠宰兽医卫生检验的重要淋巴结包括下颌淋巴结、颈浅淋巴结、髂内淋巴结、髂下淋巴结、腹股沟浅淋巴结、肠系膜淋巴结、腘淋巴结等。

在胴体淋巴结检查时，首先观察淋巴结的外表及形态、大小、色泽等。正常情况下，淋巴结在活体内呈粉红色或微红褐色，在胴体则呈不同程度的灰白色，并略带黄色，但无血色，大小适中。触摸检查时，整个浆膜面光滑湿润，质度细腻较硬，无松弛变软或肿大现象。正常淋巴结断面结构清晰，无血液或其他渗出液，被膜、小梁、髓质、皮质结构分明，色泽正常。如见到淋巴结有肿大、充血、出血、变性、坏死、增生、萎缩、脓肿等变化时，多为某些传染性疾病所致。

2. 体表常见病变

牛感染口蹄疫的典型特征是牛的口腔、蹄部和乳房皮肤等部位发生不同程度的水疱和溃烂。口蹄疫病毒主要存在于病牛的水泡皮和水泡液中，致病力强，即使稀释千倍仍可引起其他牛发病，而且非常容易传播。牛螨虫病是由疥螨和痒螨引起的慢性、寄生性皮肤病，疥螨寄生在牛的表皮深层，吸食牛的组织和淋巴液，痒螨寄生在牛皮肤表面用口器刺入牛体内吸食淋巴液。初期多在牛的头部和颈部发生不规则丘疹样病变，剧痒时牛会用力磨蹭患部，导致患部掉毛、光滑、皮肤增厚甚至出血，形成痂垢，病部会逐渐扩大甚至蔓延全身。牛布鲁氏菌病是由布鲁氏菌引起的一种人畜共患的慢性、全身性传染病，牛布鲁氏菌病主要侵害关节和生殖器官，以公畜睾丸炎和母畜流产为临床诊断特征。

3. 内脏常见病变

牛患炭疽时常表现出急性败血症状，脾脏明显肿大，全身组织明显出血。牛肺疫也被称为牛传染性胸膜肺炎，俗称烂肺疫，其特征是呈现纤维素性肺炎和胸膜肺炎。牛绦虫病是由绦虫引起的，绦虫主要寄生在牛的小肠中。牛球虫病是由艾美耳属或等孢属球虫等寄生在牛的肠道内引起的寄生虫病。牛肝片吸虫病是因肝片吸虫和大片吸虫寄生在牛的肝脏和胆管中引起的寄生虫病，该病能引起慢性胆囊炎、肝炎、肝硬化等疾病。结核病是分枝杆菌引起的人畜共患的一种慢性消耗性传染病，病牛的病理特征是逐渐消瘦，在淋巴结等多种组织和器官中形成结核性肉芽肿（即结核结节）。

4. 肌肉常见病变

牛囊尾蚴是绦虫的幼虫寄生于牛体引起的，是一种人畜共患病。牛感染囊尾蚴后，主要寄生在咬肌、舌肌、心肌、膈肌、肩胛肌及颈肌等部位。牛囊尾蚴成虫为乳白色，呈椭圆形，大小如黄豆粒，囊壁上附着有无钩绦虫的头节，头节上有 4 个吸盘。对于发现囊尾蚴的牛体部位应该作非食用或销毁处理。

第 3 章 术语和定义

一、牛屠体

【标准原文】

3.1

牛屠体　cattle body

牛宰杀放血后的躯体。

【内容解读】

本条款规定了牛屠体的定义。

牛屠体是指牛经致昏、刺杀放血后，进入后段工序前的躯体。《畜禽屠宰术语》（NY/T 3224—2018）中对屠体的定义为“畜禽宰杀、放血后的躯体。”本标准照此把牛屠体定义为：牛宰杀放血后的躯体。

二、牛胴体二分体

【标准原文】

3.2

牛胴体二分体　half carcass

将牛胴体沿脊椎中线纵向锯（劈）成的两半胴体。

【内容解读】

本条款规定了牛胴体二分体的定义。

为了规范牛屠宰用语，将 2004 版标准中的“二分体牛肉”改为“牛胴体二分体”，定义内容保持不变。

三、同步检验

【标准原文】

3.3

同步检验　synchronous inspection

与屠宰操作相对应，将畜禽的头、蹄（爪）、内脏与胴体生产线同步运行，由检验人员对照检验和综合判断的一种检验方法。

【内容解读】

本条款规定了同步检验的定义。

牛的同步检验是在牛屠宰时，对牛胴体及其各器官和部位按照检疫规程及有关规定进行的疫病检查，是牛屠宰检验检疫的重要环节，也是对牛宰前检疫的继续和补充。通过对牛胴体、内脏、淋巴等部位的检查，找出和剔除不安全和有害于公共卫生的肉品。由于许多病变需要在解剖后才能够准确判断，因此，宰后检验对保障牛肉的食品安全，发现、控制和消灭疫病，防止疫病的传播具有重要意义。

《畜禽屠宰术语》（NY/T 3224—2018）中对同步检验检疫的定义为“与屠宰操作相对应，将畜禽的头、蹄（爪）、内脏与胴体生产线同步运行，由检验人员对照检验和综合判断的一种检验方法”，本条款的定义与《畜禽屠宰术语》标准保持一致。通过同步检验，牛的胴体和红内脏、白内脏等在检验线上一一对应，能够对其进行综合分析，解决了胴体和内脏分散检验的不足，帮助检验人员更准确地对疫病进行判断。并在发现异常时，及时采取隔离等进一步的措施。

畜禽屠宰过程中，同步检验是一个非常重要、必不可少的程序，对于保证肉品卫生安全具有重要作用。在《牛羊屠宰与分割车间设计规范》（GB 51225—2017）中第 7 章和《畜禽屠宰卫生检疫规范》（NY 467—2001）中第 7 章中都有明确要求。

第4章

宰 前 要 求

一、入厂查验

【标准原文】

4　宰前要求

4.1　待宰牛应健康良好，并附有产地动物卫生监督机构出具的《动物检疫合格证明》。

【内容解读】

本条款规定了宰前检验中入厂查验的要求。

1. 入厂查验的重要性

如果待宰牛染疫，会对屠宰厂造成疫病污染。因此，不允许来源不明的牛、健康情况存在问题的牛以及缺少动物检疫合格证明的牛入厂屠宰。《中华人民共和国动物防疫法》第42条规定："屠宰、出售或者运输动物以及出售或者运输动物产品前，货主应当按照国务院兽医主管部门的规定向当地动物卫生监督机构申报检疫。动物卫生监督机构接到检疫申报后，应当及时指派官方兽医对动物、动物产品实施现场检疫；检疫合格的，出具检疫证明、加施检疫标志。"《中华人民共和国动物防疫法》第58条规定："动物卫生监督机构依照本法规定，对动物饲养、屠宰、经营、隔离、运输以及动物产品生产、经营、加工、储藏、运输等活动中的动物防疫实施监督管理。"《动物检疫管理办法》（农业部2010年第6号令）第七条规定："国家实行动物检疫申报制度。"因此，当牛离开饲养地时，应由当地动物卫生监督机构的官方兽医实施检疫，即牛的产地检疫，检疫合格后由当地动物卫生监督机构出具动物检疫合格证明。只有取得动物检疫合格证明，才能对牛进行省内或跨省调运。跨省调运的牛只，还应符合农业农村部出台的相关规定。

2. 待宰牛应健康良好

待宰牛精神状况、外貌、呼吸状态及排泄物状态等应良好，无异常状况。

3. 待宰牛应附有动物检疫合格证明

动物检疫合格证明分为 4 种，包括动物检疫合格证明（动物 A）、动物检疫合格证明（产品 A）、动物检疫合格证明（动物 B）和动物检疫合格证明（产品 B）。其中，A 证为出省境动物检疫合格证，B 证为省内动物检疫合格证。动物检疫合格证明必须根据要求填写清晰、内容完整，由产地动物卫生监督机构官方兽医签字并加盖当地动物卫生监督机构检疫专用章，检疫合格证明一式两联，一联（或电子版联）由当地动物卫生监督机构留存，一联交予承运人员随货同行（图 4－1、图 4－2）。对于跨省的牛只调运，还需要在途经省境动物卫生监督检查站时，出示动物检疫合格证明（动物 A）并接受检查，并由检查站签章放行。

动物检疫合格证明（动物 A）

编号：

货　主			联系电话		
动物种类			数量及单位		
启运地点	省　市（州）　县（市、区）　乡（镇）　村（养殖场、交易市场）				
到达地点	省　市（州）　县（市、区）　乡（镇）　村（养殖场、屠宰厂、交易市场）				
用　途		承 运 人		联系电话	
运载方式	□公路 □铁路 □水路 □航空			运载工具牌号	
运载工具消毒情况	装运前经＿＿＿＿消毒				
本批动物经检疫合格，应于＿＿＿日内到达有效。 官方兽医签字：＿＿＿＿ 签发日期：　年　月　日 （动物卫生监督所检疫专用章）					
牲畜耳标号					
动物卫生监督检查站签章					
备　注					

第　联　共　联

注：1. 本证书一式两联，第一联由动物卫生监督所留存，第二联随货同行。
2. 跨省调运动物到达目的地后，货主或承运人应在24h内向输入地动物卫生监督机构报告。
3. 牲畜耳标号只需填写后3位，可另附纸填写，需注明检疫证明编号，同时加盖动物卫生监督机构检疫专用章。
4. 动物卫生监督所联系电话：

图 4－1　动物检疫合格证明（动物 A）

动物检疫合格证明（动物B）

编号：

货　主			联系电话		
动物种类		数量及单位		用　途	
启运地点	市（州） 县（市、区） 乡（镇） 村（养殖场、交易市场）				
到达地点	市（州） 县（市、区） 乡（镇） 村（养殖场、屠宰厂、交易市场）				
牲畜耳标号					
本批动物经检疫合格，应于当日内到达有效。 官方兽医签字：________ 签发日期：　年　月　日 （动物卫生监督所检疫专用章）					

第　联　共　联

注：1. 本证书一式两联，第一联由动物卫生监督所留存，第二联随货同行。
2. 本证书限省境内使用。
3. 牲畜耳标号只需填写后3位，可另附纸填写，并注明本检疫证明编号，同时加盖动物卫生监督所检疫专用章。

图 4－2　动物检疫合格证明（动物 B）

动物检疫合格证明的出具，必须经过牛的产地检疫。《反刍动物产地检疫规程》（农医发〔2010〕20 号）对牛产地检疫的对象、检疫合格标准、检疫程序、检疫结果处理、检疫记录进行了规定。牛的产地检疫对象包括口蹄疫、布鲁氏菌病、牛结核病、炭疽、牛传染性胸膜肺炎。

4. 入厂查验的其他相关要求

本条款的规定与《牛屠宰检疫规程》（农医发〔2010〕27 号　附件 3）“4　入场（厂、点）监督查验”和《牛羊屠宰产品品质检验规程》（GB 18393—2001）“4.1　验收检验”中入厂查验的规定保持一致。

《牛屠宰检疫规程》（农医发〔2010〕27 号　附件 3）中规定如下：第一，查证验物，查验入厂牛的动物检疫合格证明和佩戴的畜禽标识。第二，询问，了解牛运输途中有关情况。第三，临床检查，检查牛群的精神状况、外貌、呼吸状态及排泄物状态等情况。第四，结果处理，包括合格和不合格两种情况。对于临床检查合格的情况，动物检疫合格证明有效、证物相符、畜禽标识符合要求、临床检查健康，方可入厂，并回收动物检疫合格证明。厂方须按产地分类将牛只送入待宰圈，不同货主、不同批次的牛只不得混群。对于临床检查不符合条件的，按国家有关规定处理。第五，消毒，监督货主在卸载后对运输工具及相关物品等进行消毒。

《牛羊屠宰产品品质检验规程》（GB 18393—2001）中“4.1　验收检验”规定如下：验收检验，卸车前，应索取产地动物防疫监督机构开具的检疫合格证明，并临车观察，未见异常、证货相符时准予卸车。卸车后，应观察牛的健康状况，按检查结果进行分圈管理。将合格的牛送待宰圈；

对于可疑病畜送隔离圈观察，通过饮水、休息后，恢复正常的，并入待宰圈；病畜和伤残的牛送急宰间处理。

此外，为防止饲喂“瘦肉精”的牛只进入屠宰环节，还应对牛只进行“瘦肉精”检测。

【实际操作】

1. 查证验物

查验入厂牛的动物检疫合格证明和佩戴的畜禽标识。牛入厂验收环节检验内容示例见表 4-1。

表 4-1　牛入厂验收环节检验内容示例

<table>
<tr><th>环节</th><th colspan="2">检验项目</th><th>检验方法</th><th>出具表单</th><th>处理办法</th></tr>
<tr><td rowspan="6">入厂验收</td><td rowspan="2">车辆消毒情况</td><td>车轮消毒</td><td>入厂车辆经过消毒池进行车轮消毒</td><td rowspan="2">车辆消毒记录单</td><td rowspan="2">运畜车辆必须消毒才能进入厂区，否则一律不得进入</td></tr>
<tr><td>车体消毒</td><td>使用次氯酸钠（如 200 mg/kg～300 mg/kg）等消毒液，对车体喷洒消毒</td></tr>
<tr><td rowspan="2">持证情况</td><td>耳标</td><td rowspan="2">查验有无，是否真实一致</td><td rowspan="2">信息统计表</td><td rowspan="2">缺少动物检疫合格证明、耳标和非疫区证明缺乏或与真实情况不一致的牛只不得入厂屠宰</td></tr>
<tr><td>动物检疫合格证明（动物A）或（动物B）</td></tr>
<tr><td>牛只健康状况</td><td>临床检查</td><td>在卸车前检查牛群的精神状况、外貌、呼吸状态及排泄物状态等情况</td><td>—</td><td>牛只卸载前，经观察未见异常，准予卸车</td></tr>
<tr><td>“瘦肉精”检验</td><td>克仑特罗、莱克多巴胺、沙丁胺醇</td><td>在卸车前或宰前对牛只进行“瘦肉精”检测</td><td>原料牛检测记录表</td><td>检出“瘦肉精”的牛只不得入厂屠宰</td></tr>
</table>

2. 询问

了解牛在运输途中有关情况，如有无病、死情况。

3. 临车观察（临床检查）

检查牛群的精神状况、外貌、呼吸状态及排泄物状态等情况，注意有无精神不振、严重消瘦、站立不稳、咳嗽、气喘、呻吟、流涎、昏睡、腹泻等异常情况。

4.“瘦肉精”抽样检测

牛排尿时，用一次性杯子直接接取尿液，进行“瘦肉精”抽样检查。目前，牛屠宰厂主要应用胶体金免疫层析法进行盐酸克仑特罗、莱克多巴胺及沙丁胺醇的快速检测。此外，有的企业通过牛尾部采血，离心后取血清用胶体金试纸条初筛，然后再用酶联免疫吸附（ELISA）实验方法进行检测。

5. 索取证明、分圈管理

（1）索取证明 入厂并索取动物检疫合格证明。

（2）分圈管理 卸车时（图 4－3），观察牛的健康状况，按检查结果进行分圈管理。合格的牛送入待宰圈；可疑的病牛送隔离圈观察，病牛和伤残牛送急宰间处理。

图 4－3 卸车

分圈原则：不同产地、不同货主、不同批次、不同性别的牛不得混群。

6. 车辆消毒

待牛卸载完毕后，检验检疫人员应监督承运人对运输工具和相关物品进行消毒。屠宰企业应提供消毒场所、消毒设备和冲洗设备等。

承运人应当在装载前和卸载后及时对运输车辆进行清洗、消毒。在卸载前，从专门的入口进入屠宰厂后，将车开入装有消毒液的车辆消毒池中（图 4-4），同时用高压枪对车辆清洗消毒。消毒池大小与入口大门同宽，出入池口有一定坡度方便车辆进出；池的一旁设有放水管，池底部有带滤网的放水口，便于更换消毒液，消毒液建议采用浓度为 2%的氢氧化钠或 50 mg/kg～100 mg/kg 的含氯消毒剂，如二氧化氯和次氯酸钠等。

图 4-4　车辆消毒

二、静　　养

【标准原文】

4.2　牛进厂（场）后，应充分休息 12 h～24 h，宰前 3 h 停止喂水。待宰时间超过 24 h 的，宜适量喂食。

【内容解读】

本条款规定了牛送宰前静养的要求。

1. 宰前应充分静养

动物在宰前休息期人为控制的禁食、禁水行为被称为宰前禁食。在牛肉的生产过程中，不当的宰前禁食处理可能降低牛胴体出品率，致使DFD肉（dark，firm and dry muscle）等劣质肉的发生率增加，对牛肉的质量带来影响。DFD肉，即黑干肉，是受到应激反应的牛，屠宰后产生的色暗、坚硬和发干的肉。引起劣质肉发生的关键因素为宰前应激，包括运输温度、运输时间、静养时间等。因此，在宰前环节，要加强对动物福利的重视，避免对动物造成应激，减少因操作不当造成牛只皮肤损伤、骨折，降低劣质肉发生率，保障肉品品质。

牛在运输时，因为环境的改变和受到惊吓等外界因素的刺激，容易过度紧张而引起疲劳，破坏或抑制了正常的生理机能，导致血液循环加速，肌肉组织内的毛细血管充满血液。因此，牛卸载后应充分静养，而不是立即屠宰，否则会影响肉品品质。

静养时间规定为12 h～24 h的主要原因：第一，进入牛胃肠内的饲料，需经数小时到十几小时才能被消化吸收；第二，轻度饥饿可促使肝糖原分解为葡萄糖，并通过血液分布到全身，肌肉中含糖量上升，有利于肉的成熟，提高肉的品质；第三，停食静养措施可使胃肠内容物减少，有利于屠宰加工时减少划破胃肠的机会，避免胴体受到胃肠内容物的污染，利于宰后充分放血。

2. 静养过程中应适时给水

牛静养过程中充分给水，是为了满足动物福利的要求，也有助于牛只保持良好的生理状态。从屠宰加工的角度，牛只宰前3 h停止饮水，有利于牛只屠宰时内脏的处理。

3. 静养时间过长宜适量喂食

静养时间过长使牛只发生争斗的可能性增加，争斗后牛容易产生应激反应，也会导致牛只身体部位损伤影响胴体品质。待宰时间如果超过24 h，牛只的长时间禁食会导致肌肉中糖原消耗殆尽，不利于肉的成熟；从动物福利的角度，也能够减少牛因饥饿导致的应激反应，使牛保持健康的状态。因此，待宰时间如果超过24 h，宜适量喂食。

【实际操作】

将运牛车运至待宰圈外的原料牛入口，将牛卸载后，按顺序赶入待宰圈。待宰圈应有相应的设施能够让牛只避暑避寒。待宰圈中的牛只不供给饲料等食物，停食静养12 h～24 h（图4－5、图4－6）。在待宰圈中为牛只提供充足的水，在宰前3 h停止供应水。待宰圈等待宰设施的科学合理布局有助于减少牛的应激反应。

图4-5　静养停饲饮水

图4-6　宰前称重

三、宰前检验检疫

【标准原文】

4.3　屠宰前应向所在地动物卫生监督机构申报检疫，按照《牛屠宰检疫规程》和GB 18393等进行检疫和检验，合格后方可屠宰。

【内容解读】

本条款规定了牛宰前检验检疫的要求。

1. 实施宰前检验检疫的重要性

近年来，随着人们生活水平的不断提高，对动物源性食品的安全和卫生的呼声也越来越高，而屠宰检验检疫是保障食品安全的重要环节。通过屠宰检验检疫能够有效防控疫病，促进畜牧业健康发展，保证食品安全。在牛屠宰前，应向所在地动物卫生监督机构申报检疫，并按照《牛屠宰检疫规程》（农医发〔2010〕27 号　附件 3）和《牛羊屠宰产品品质检验规程》（GB 18393—2001）的规定，由相关人员实施宰前检验检疫。牛宰前检验检疫指的是在对牛进行屠宰前，为了保证肉品的安全，对牛进行活体检查，通过了解待宰牛的来源和产地检疫、免疫情况，并直接观察待宰牛有无异常，从而准确判别牛是否健康。对于符合急宰条件的病牛，应进行急宰，避免其进入屠宰厂，进而杜绝肉品污染。

2. 牛只宰前检验检疫的相关规定

《牛屠宰检疫规程》（农医发〔2010〕27 号　附件 3）规定了牛进入屠宰厂监督查验、检疫申报、宰前检查、同步检疫、检疫结果处理以及检疫记录等要求。《牛羊屠宰产品品质检验规程》（GB 18393—2001）规定了牛只宰前检验及处理、宰后检验及处理的各项要求。此外，《食品安全国家标准　畜禽屠宰加工卫生规范》（GB 12694—2016）中“6.1　基本要求”和“6.2　宰前检查”对屠宰企业应具备的检验基本要求和宰前检查要求也进行了规定。通过遵循以上标准和规程中的内容进行检验检疫，结果合格的方可屠宰。对宰前牛只进行严格把关，宰前检查应按照《牛屠宰检疫规程》（农医发〔2010〕27 号　附件 3）和《牛羊屠宰产品品质检验规程》（GB 18393—2001）等的规定实施检疫和检验。

3. 牛只宰前检验检疫的程序

在牛屠宰前，应向所在地动物卫生监督机构申报检疫，即实施宰前检疫。接到检疫申报后，动物卫生监督机构指派官方兽医对牛实施现场检疫；检疫合格的，出具检疫证明、加施检疫标志。屠宰企业按照《牛羊屠宰产品品质检验规程》（GB 18393—2001）规定的程序开展宰前检验。

4. 牛宰前检验检疫的具体实施内容

应根据《牛屠宰检疫规程》（农医发〔2010〕27 号　附件 3）和《牛羊屠宰产品品质检验规程》（GB 18393—2001）等的规定对牛只群体的动态、静态、体温等进行全面的宰前临床检查，尤其要加强对牛的精神状况、体温、可视黏膜、排泄动作及排泄物性状等方面的检查。牛在待宰期间进行的宰前临床检查，通常采用群体检查和个体检查相结合的临床检查方法。必要时，进行实验室检查。

宰前临床检查方法如下：

(1) 临床检查 将来自同一地区、同一饲养场、同一运输工具、同一批次或同一圈舍的牛作为一群，通过分群、分批、分圈观察牛的“三态”进行健康检查。主要检查牛群精神状况、外貌、呼吸状态、运动状态、饮水、反刍状态、排泄物状态等。在群体检查中，如果发现病牛或可疑病牛，做好记号，以便进行个体检查。

①群体检查。

静态检查：在保持自然安静的状态下，检查牛群的健康状况。注意有无精神不振、严重消瘦、站立不稳、独立一隅、咳嗽、气喘、呼吸困难、流涎、昏睡等异常情况。

动态检查：注意有无跛行、屈背拱腰、行走困难、共济失调、离群掉队、瘫痪等异常行为。

饮态检查：供给牛饮水，检查饮水情况，排泄物的色泽、质地、气味等有无异常。注意有无不饮或少饮等异常现象。

②个体检查。个体检查是对群体检查时发现的异常个体，或者从正常群体中随机抽取5%～20%的个体，逐头进行详细的健康检查。通过视诊、触诊和听诊等方法，检查牛的个体精神状况、体温、呼吸、皮肤、被毛、可视黏膜、胸廓、腹部及体表淋巴结、排泄动作及排泄物性状等。

视诊：观察牛的精神、外貌、被毛和皮肤、可视黏膜、眼结膜、呼吸、天然孔、鼻唇镜、齿龈、起卧和运动姿势、排泄物等有无异常。

触诊：用手触摸牛的耳、角跟、下颌、胸前、腹下、四肢、阴囊及会阴等部位的皮肤有无肿胀、疹块、结节等，体表淋巴结的大小、形状、硬度、温度、压痛及活动性有无异常。

听诊：用耳朵直接听取或借助听诊器，注意有无咳嗽、呻吟、发吭、磨牙、心律不齐、肺脏啰音等异常声音。

体温、呼吸、脉搏测定：必要时，在牛经过充分休息后，用温度计测量其体温（牛的正常温度为37.5℃～39.5℃）。也可测定呼吸、脉搏数，牛的正常呼吸、脉搏数分别为10次/min～30次/min、50次/min～80次/min。

(2) 待宰检查

①停食静养、充分饮水。牛在待宰期间，应停食静养12h～24h，充分饮水至宰前3h。目的是消除运输途中的疲劳，恢复正常的生理状态，以提高肉品质量。

②定时观察。待宰期间，检验检疫人员应定时观察，每天巡检3次以上，以群体检查为主进行“三态”检查。必要时，进行测量体温、听诊等

个体检查。发现病牛应进行隔离或送急宰间处理。

③有病隔离。隔离圈内的可疑病牛和病牛经过饮水和适当休息后，进行测温和详细临床检查。必要时，辅以实验室检验进行确诊。恢复正常的，可以并入待宰圈；症状若仍不见缓解、卧地不起，濒临死亡或已死亡的，按照有关规定及时处理。

④检疫申报。厂方应在屠宰前 6 h 现场申报检疫，填写检疫申报单。检疫人员接到检疫申报后，根据相关情况决定是否予以受理。受理的，应当及时实施宰前检查；不予受理的，应说明理由。

(3) 送宰检查

①全面检查。屠宰前 2 h 内，应实施一次群检。

②测量体温。应将牛赶入测温巷道逐头测量体温，剔出患病牛。

③签发证明。经检查合格的，准予屠宰，可由检疫人员签发准宰通知单，注明畜种、送宰头数和产地，屠宰车间凭证屠宰。

(4) 结果处理 验收检查发现有疫情或可疑疫情时，不得卸载，应立即将该批牛转入隔离圈进行检查和诊断，确诊后按国家有关规定进行处理；死牛、染疫病牛等不得拒收，应按国家有关规定进行无害化处理。经宰前检验检疫后的牛，根据检查结果作以下处理：

①合格处理。经验收检查合格，索取动物检疫合格证明，按产地分类、分圈管理。经过充分休息、宰前检查确认健康的牛只，准予屠宰，可由检疫人员签发准宰证或准宰通知单，注明送宰头数、圈号和产地。

②不合格处理。经检查，不符合《牛屠宰检疫规程》(农医发〔2010〕27 号 附件 3) 的规定，如证物不符、无动物检疫合格证明或检疫证明无效、未佩戴耳标，或者使用违禁药物（如“瘦肉精”检测阳性的）、注水或者注入其他物质，发病或疑似发病、病死等情况，按照《中华人民共和国动物防疫法》《重大动物疫情应急条例》《动物疫情报告管理办法》《病死及病害动物无害化处理技术规范》(农医发〔2017〕25 号) 等有关规定处理。

发现有口蹄疫、牛传染性胸膜肺炎、牛海绵状脑病及炭疽等症状的，严禁宰杀，封锁现场，限制移动。屠宰企业启动重大动物疫病应急预案。病牛和同群牛禁止宰杀，用密闭运输工具运到指定地点，用不放血的方法扑杀，将尸体销毁。应在 2 h 内按规定向当地兽医行政主管部门、动物卫生监督机构或动物疫病预防控制机构报告疫情，以便采取相应的措施。

发现布鲁氏菌病、牛结核病病症的，病牛全部扑杀后销毁；发现牛传染性鼻气管炎病的，病牛扑杀后化制处理。对同群牛隔离观察，由指定的具有资质的实验室进行检验。阳性者处理同上，阴性者确认无异常的，准予屠宰。

怀疑患有《牛屠宰检疫规程》（农医发〔2010〕27号　附件3）规定的疫病及临床检查发现其他异常情况的，按相应疫病防治技术规范进行实验室检测，并出具检测报告。

发现患有《牛屠宰检疫规程》（农医发〔2010〕27号　附件3）规定以外疫病的，隔离观察，确认无异常的，准予屠宰；隔离期间出现异常的，按照《病死及病害动物无害化处理技术规范》（农医发〔2017〕25号）等有关规定处理。

确认为无碍于肉食安全且濒临死亡的牛只，视情况进行急宰。急宰间凭宰前检验检疫人员签发的急宰证明，及时屠宰并进行检验检疫。在检查过程中发现难以确诊的，应请检验检疫负责人会诊和处理。

【实际操作】

1. 牛宰前检验检疫的程序

厂方应凭借动物检疫合格证明和牛只100%佩戴动物标识作为申报检疫的前置条件，在牛只屠宰前6h，填写检疫申报单，向驻场官方兽医依法履行申报检疫。官方兽医接到检疫申报后按照《中华人民共和国动物防疫法》、《动物检疫管理办法》（农业部2010年第6号令）和有关规范性文件的规定，决定是否予以受理。符合规定条件的予以受理，并要求屠宰厂负责人按货主、联系电话、动物种类、数量及单位、来源、启运时间、到达地点等项目，详细填写检疫申报单（图4-7），及时实施宰前检查；不符合规定条件的不予受理，并说明不予受理的原因。申报和受理均应采取现场申报的方式进行。

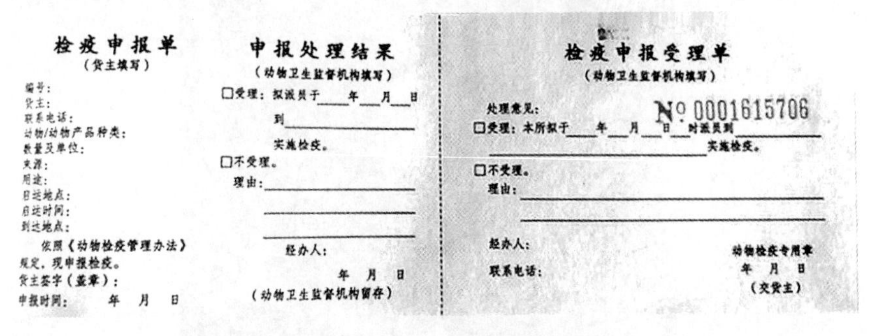

检疫申报单
（货主填写）

编号：
货主：
联系电话：
动物/动物产品种类：
数量及单位：
来源：
用途：
启运地点：
启运时间：
到达地点：
依照《动物检疫管理办法》规定，现申报检疫。
货主签字（盖章）：
申报时间：　　年　月　日

申报处理结果
（动物卫生监督机构填写）

□受理：拟派员于____年___月___日
到______________
实施检疫。
□不受理。
理由：______________
经办人：
年　月　日
（动物卫生监督机构留存）

检疫申报受理单
（动物卫生监督机构填写）

№ 0001615706
处理意见：
□受理：本所拟于____年___月___日___时派员到______________实施检疫。
□不受理。
理由：______________
经办人：
联系电话：
动物检疫专用章
年　月　日
（交货主）

图4-7　检疫申报单和检疫受理单

2. 牛只宰前检验检疫

根据《牛屠宰检疫规程》（农医发〔2010〕27 号　附件 3）和《牛羊屠宰产品品质检验规程》（GB 18393—2001）等对牛只群体的动态、静态等进行全面检查，将牛赶入测温巷道逐头测量体温，重点检查牛只的精神状况、可视黏膜、排泄动作及排泄物性状等。此外，官方兽医和屠宰企业按照相关规定，对牛只开展“瘦肉精”等兽药残留检测（表 4－2、图 4－8）。

表 4－2　待宰检查相关要求示例

环节	检验内容	具体检验方法	出具表单	处理办法
宰前检验	牛只精神状态	观察牛只是否有萎靡不振、兴奋等状态	—	一旦发现精神状态欠佳的牛只，必须隔离观察，作进一步诊断
	耳鼻舌眼的检查	观察牛只头部耳舌眼部位，是否有脓包症状，口鼻部是否生疮	—	发现有异常情况牛只，需隔离观察，进一步确认异常情况
	对牛外生殖器	通过检查牛睾丸是否有肿大症状来鉴定牛体是否健康	—	如果发现睾丸异常重大，需进一步诊断病情
	“瘦肉精”检验	采用酶联免疫法等方式进行检验，检测项目包括克仑特罗、莱克多巴胺、沙丁胺醇等	瘦肉精检验报告单	一旦发现“瘦肉精”超标，报上一级兽医主管部门处理
	体温测定	将牛赶入测温巷道逐头测量体温（牛的正常体温是 37.5℃～39.5℃）	—	体温异常牛只隔离观察，进一步诊断后，体温高、无病态的可送宰

(a) 耳血采集

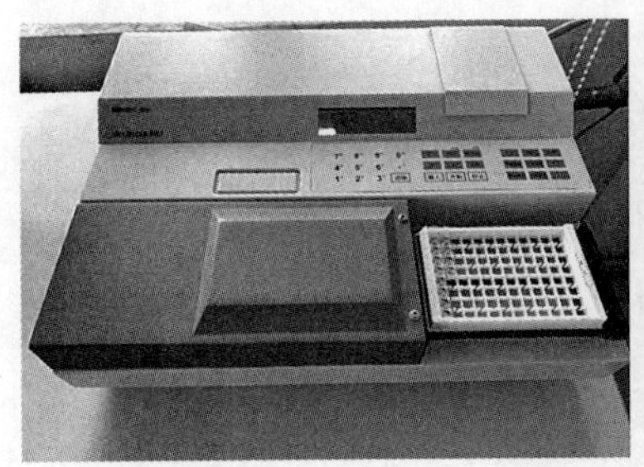

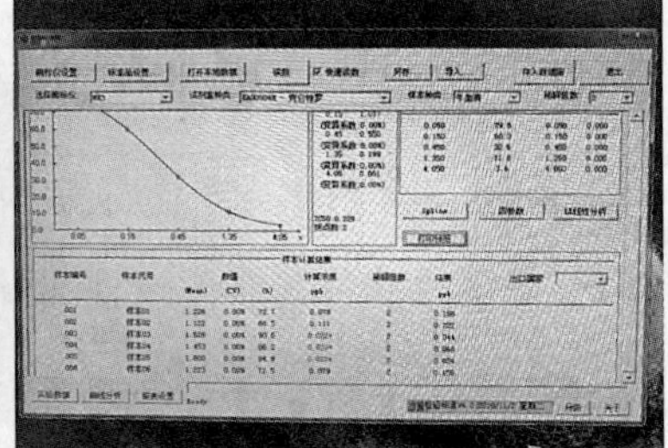

（b）酶联免疫法测“瘦肉精”

图 4-8　“瘦肉精”检测

牛只的宰前检查包括了入厂检验检疫和宰前检验检疫两个环节，宰前检验检疫结果分为准宰、缓宰、急宰和禁宰 4 种，具体内容见表 4-3、图 4-9。

表 4-3　宰前检查结果处理

处理结果分类	详细操作
准宰	经检疫合格发放准宰通知单进入屠宰间
缓宰	发现异常情况隔离观察后确认为健康的准宰；否则，根据情况分为急宰或禁宰
急宰	经检疫确认为患有不妨碍食品安全的普通传染病及一般疫病，并有可能死亡的动物，在急宰间进行紧急屠宰
禁宰	经检疫确认为一、二类重大动物疫病的牛只，应采取不放血的方法扑杀后做工业用或无害化处理，严禁屠宰。填写无害化处理通知单，对问题牛只进行无害化处理

准　　宰　　证

Slaughtering Permit

畜别 Livestock Breed:　　　　　　　　第　　号No.

屠宰序列 No	产地 Origin	头数 Heads	进场时间 Entry time	备注 Remark

此批活牛经宰前兽医检疫确认健康无疫病，符合屠宰要求，准予屠宰。

Ihereby confirm after our inspection a.m.Live cattle are healthy and qualified for slaughter.

宰前兽医 Ante-mortem Veterinary

签发日期：20　年（Y）　月（M）　日（D）

图 4-9　准宰证示例

四、清　洗

【标准原文】

4.4　屠宰前宜使用温水清洗牛体，牛体表应无污物。

【内容解读】

本条款规定了屠宰前清洗牛体的要求。

屠宰前使用温水清洗牛体，一是能够保证牛体表面的清洗效果，使清洗更干净；二是温水清洗牛体，对牛的刺激轻，避免应激反应（特别是在冬季），提升牛的舒适度，抑制兴奋；三是淋浴可以降低牛体温，促使外周毛细血管收缩，提高放血质量，也有利于电致昏的效果。

【实际操作】

按顺序将牛从待宰圈赶入冲淋室，用喷淋管对牛逐头冲洗。冲洗时从上至下将牛身上可见的粪便、血迹、污物等污染物冲洗干净，再将牛逐头送宰。

淋浴中要注意，冲淋要均匀，应当控制每批淋浴牛只的数量，避免牛淋浴时相互拥挤，以冲洗干净体表污物为宜。

五、送　宰

【标准原文】

4.5　应按“先入栏先屠宰”的原则分栏送宰，送宰牛通过屠宰通道时，应进行编号，按顺序赶送，不应采用硬器击打。

【内容解读】

本条款规定了牛分栏送宰的要求。

本标准明确了应按“先入栏先屠宰”的原则要求，按户进行编号，按照顺序屠宰，为产品追溯奠定基础。强调“不得采用硬器击打”牛只，硬器击打易造成牛只皮张破损、皮下肌肉淤肿、牛只出现应激反应等问题，严重影响牛肉产品品质。

【实际操作】

在实际操作中，要对员工进行上岗前专业知识培训，使其掌握牛的基本生物学行为和动物福利。驱赶牛时，应有耐心，禁止殴打牛只，避免对牛只造成人为损伤；赶牛时杜绝使用硬器，也不允许出现脚踢等野蛮动作，推荐使用赶牛拍或电击赶牛棒等工具。送宰的屠宰通道和地面等设施应尽量减少牛的应激反应。牛的屠宰通道宜设有迷道系统、牵引系统和双轨限制系统等。送宰通道的地面应防滑，避免牛因站立不稳而减慢速度或不愿意继续前行。

第5章 屠宰操作规程及操作要求

一、致　　昏

【标准原文】

5.1　致昏

5.1.1　致昏方法

应采用气动致昏或电致昏：

a）气动致昏：用气动致昏装置对准牛的两角与两眼对角线交叉点，快速启动，使牛昏迷；

b）电致昏：用单杆式电昏器击牛体，使牛昏迷。参数宜为：电压不超过200 V，电流1 A～1.5 A，作用时间7 s～30 s。

5.1.2　致昏要求

5.1.2.1　应配置牛固定装置，保证致昏击中部位准确。

5.1.2.2　牛致昏后应心脏跳动，呈昏迷状态，不应致死或反复致昏。

【内容解读】

本条款规定了牛屠宰时致昏的方法和要求。

1. 致昏方法

（1）牛的致昏方法　牛屠宰前致昏是牛工业化屠宰的一个重要环节，也是动物福利的重要环节，是指采用物理或化学的方法使牛在无痛苦或痛苦较小的状态下失去意识和知觉，但保持心跳和呼吸，并保证在后续的屠宰过程中意识不恢复的过程。通常使用的牛宰前致昏方式包括机械致昏和电致昏。宰前致昏能够减缓牛惊恐、沮丧的宰前状态，也能避免牛在被宰杀时产生强烈的应激反应，进而避免糖原消耗过多，以保证牛的肉质。牛在无知觉的情况下走向生命终点，也是符合动物福利的要求。

①机械致昏。牛的机械致昏是指使用弩枪、火枪、铁锤、击昏枪等在

牛的头部施加一个强大的作用力，使牛脑部剧烈损伤，从而造成牛失去知觉的宰前致昏方法。气动致昏是以气动作为动力源的非穿透型击昏，气动致昏时，高速气压作用下的金属钝圆角尖端不穿透头骨，通过瞬间产生使牛眩晕的振荡力而使牛致昏。该方法具有较高的击昏能量，是牛致昏使用最广泛的方式。气动致昏对牛的致昏时间约 60 s。

锤击致昏法是使用重锤猛击牛的前额，使牛昏倒。这种致昏方法在牛屠宰线上难以满足动物福利和流水线宰杀的要求，对操作人员体力消耗大，易影响准确性，造成多次刺杀或击打，对牛的应激极大，极易产生异质牛肉，此类致昏方式基本被淘汰。刺昏法要求操作者具有较高的操作技巧，操作难度大，且不安全，有时需要多次操作才能使牛昏迷，不符合动物福利要求，也逐渐被淘汰。

②电致昏。电致昏是利用一定强度的电流作用于动物使其在短时间内致昏的操作。电刺激操作，有助于延缓尸僵过程，可缩短预冷时间，减轻牛只屠宰过程中的应激反应，改善肉品品质。有研究认为，动物致昏的最佳方式是电致昏，与机械致昏相比，电致昏具有清洁干净、使用方便、价格低廉并相对安全的特点。

（2）应采用气动致昏或电致昏　击昏枪是常用的气动击昏装置，启动击昏装置要操作迅速，因为即使对牛头采取了固定措施，由于牛受到惊吓短时间内仍可能会移动，如果操作等待时间过长，也会耽误生产速度。此外，击昏枪一般比较笨重，手持时间也不宜过长。

在操作过程中，通常采用单杆式电致昏器电击牛体，麻电使用的电压和麻电时间应根据具体的牛只品种、产地、季节及个体大小等适当调整，以牛昏倒为适度。推荐牛电致昏时使用的参数范围是：电压不超过 200 V，电流 1 A～1.5 A，作用时间 7 s～30 s。

2. 致昏要求

增加牛固定装置，有助于保护动物福利，保证致昏击中部位的准确。牛固定装置不局限于牛头固定装置，企业可以根据需要自行选择，只要能达到固定效果即可。增加固定，有利于安全操作，保护动物福利要求，其他相关标准中都有明确要求，如《牛羊屠宰与分割车间设计规范》（GB/T 51225—2017）“6.2　致昏放血”中的 6.2.1、6.2.2、6.2.3 等。

如果反复致昏，对牛易造成应激反应，极易产生异质牛肉，甚至导致牛发生死亡，放血时会影响沥血效果。使牛致昏，但不致死或避免反复致昏，也有利于降低屠宰操作人员劳动强度，提升操作安全，满足动物福利要求。

【实际操作】

1. 气动致昏

翻板箱是活牛致昏、宰杀和吊挂的辅助设备，通常分为普通翻板箱和带夹牛头装置翻板箱（图5-1、彩图1）。普通翻板箱分一次翻板装置和二次翻板装置。带夹牛头装置翻板箱通过下汽缸将牛下颚顶起，同时左右两侧汽缸夹住牛颈部，固定牛头，进行致昏操作。翻板箱应与待宰圈或驱赶通道沿直线相连，以使牛有足够的空间自由移动至翻板箱。此外，翻板箱的地面应防滑，从视觉上和前一段地面的反差不宜过大，否则会降低牛进入翻板箱的速度。

图5-1　气动致昏

气动致昏时，使用夹牛头装置翻板箱，连接气源控制线路，调节气体压力，将牛牵入翻板箱内，待牛完全进入翻板箱，放下后挡板，通过挡板向前推进使牛向前移动，以便牛头能从前挡板探出；启动夹牛头装置固定牛头，操作人员双手持击昏枪，对准牛的两角与两眼对角线交叉点，快速启动击昏枪，使牛昏迷。操作中，应避免反复致昏和致死。

2. 电致昏

电致昏操作时，将牛牵入翻板箱内，放下后挡板，通过把挡板向前推进使牛向前移动，以便牛头能从前挡板探出，启动牛头限制装置将牛头固定。操作人员戴上绝缘橡胶手套，连接单杆式电昏器电源，打开电控箱开关，持电麻钳，蘸上 25%的生理盐水后迅速卡在牛的耳根部，打开开关，电压不超过 200 V，电流为 1 A～1.5 A，电麻时间 7 s～30 s。

二、宰杀放血

【标准原文】

5.2　宰杀放血

5.2.1　可选择卧式或立式放血。从牛喉部下刀，横向切断食管、气管和血管。

5.2.2　放血刀应经不低于 82℃的热水一头一消毒，刀具消毒后轮换使用。

5.2.3　沥血时间应不少于 6 min。

5.2.4　从致昏到宰杀放血时间应不超过 1.5 min。

【内容解读】

本条款规定了牛宰杀放血的要求。

1. 牛的宰杀方式

宰杀放血是采用不同方式使牛体内血液快速流出，在较短时间内死亡的过程。牛的宰杀放血可以选择使牛卧倒的方式进行卧式放血，也可以选择将牛吊挂的方式进行立式放血。

牛的宰杀放血包括刺杀放血、三管齐断放血等多种方法。颈部刺杀放血是采用不同方式割断牛颈部动脉的宰杀方法。该方法放血良好，放血的刀口较小，污染面积小；缺点是放血速度较慢，如果放血刀口过大，在烫毛时容易造成污染。心脏刺杀放血是用刀从颈下直接刺入心脏的放血方法。优点是放血快，但因心脏被破坏易导致动物放血不全，且胸腔内易积血。三管齐断放血是在牛颈下缘咽喉部切断气管、食管和血管的宰杀方法。该方法操作简便，但是血液和肌肉容易被胃内容物和气管内容物污染。从牛喉部下刀的原因是，牛脖子处的血管、气管、食管比较集中，一刀下去三管容易齐断。本标准建议牛屠宰企业采用横向切断三管的方式宰杀放血，不排除屠宰企业采用其他科学的屠宰方式。

2. 刀具消毒

刀具消毒是防止屠宰交叉污染的重要措施，消毒水温度和消毒时间是保证消毒效果的重要条件。《食品安全国家标准　畜禽屠宰加工卫生规范》(GB 12694—2016) 5.1.2 规定："消毒用热水温度不应低于 82℃"，牛屠宰操作应满足刀具消毒要求。

3. 沥血时间

动物放血是否完全是影响肉品质量的重要因素。放血完全可使牛屠体内的血液与体液充分排出，胴体肌肉和内脏中含血量少，肉的颜色较淡，耐储藏性更好。同时，也能减少后序工序血液造成的污染，避免胃容物从食管倒流造成污染。通常情况下，牛放血时间应在 6 min～8 min，本标准规定至少 6 min 的沥血时间，以使牛屠体内的血液与体液充分排出，减少血液对后序工序造成污染。

4. 致昏到宰杀放血时间间隔

从致昏到刺杀放血的间隔时间不超过 1.5 min。电致昏可造成中枢神经的麻痹，同时刺激心脏活动，使血压升高，有利于放血。为保证动物福利，放血与致昏之间的时间间隔应尽量短，避免出现放血后动物因恢复知觉而挣扎的情况。本标准规定致昏到宰杀放血时间间隔为 1.5 min，如果时间过长，刺杀放血时牛只可能会苏醒，便失去了致昏的意义。同时，影响后序生产效率，增加操作人员安全风险。

【实际操作】

1. 牛的宰杀

(1) 宰杀　牛屠宰企业通常采用切断三管的方法。将牛送入翻板箱后，关上后挡板，将挡板向前推进使牛向前移动，当牛头从前挡板探出时，操作人员启动牛头限制装置将牛头固定。使用气动击昏枪将牛致昏，把翻板箱翻转 180°，使站立的牛翻转过来，脖子朝上，操作人员站在刺杀操作站台上，一刀横向切断牛的食管、气管和血管。操作时，下刀要迅速。

(2) 放血　牛的放血方式有立式放血和卧式放血。立式放血是用吊链拴住牛只的右腿，通过提升装置将牛输送至宰杀放血轨道上，再使用适当

的方式宰杀放血。卧式放血是使牛在平躺状态下，使用适当的方式宰杀放血，牛致昏到宰杀不应超过 1.5 min。

2. 刀具消毒

刺杀放血刀每完成一头牛的宰杀放血，使用 82℃以上的热水进行消毒（图 5-2），消毒时间应不少于 30 s。至少配备 2 把刀轮换使用，避免交叉污染。

图 5-2　刀具消毒

3. 沥血

在对牛进行刺杀后，使牛血沥至下方专门的收集容器中，保证沥血时间不少于 6 min。

三、挂　　牛

【标准原文】

5.3　挂牛

用扣脚链扣紧牛的一只后小腿，启动提升机匀速提升，然后悬挂到轨道上。

【内容解读】

本条款规定了挂牛的操作要求。

使用吊挂屠宰方式时，用扣脚链挂起牛只后腿，区别于其他的屠宰方式，如采用捆扎4个牛蹄的方式固定牛只。采用吊挂屠宰方式有利于后续屠宰操作，防止交叉污染，保证牛肉品质。

【实际操作】

将挂有扣脚链的提升机下降至能套住牛腿的高度，牛在翻转箱内被致昏后，滑至接收栏，操作人员迅速用扣脚链拴住牛的右后腿胫骨中间部（图5-3、彩图2）。启动提升机，将拴牛的锁链滑钩提升至滑道上方后，停止上升。待牛体稳定后，将提升机下降，让滑勾稳稳落在滑道上，然后将提升机恢复到原位。注意提升时防止钢丝绳盘绕和交叉。挂完一头牛后将提升机下降，将下一个套脚链挂到提升铁钩上。使用完的脚链应消毒后再次使用。

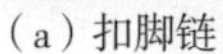

（a）扣脚链

（b）挂牛后腿

图5-3　扣脚链挂起牛后腿

四、电刺激

【标准原文】

5.4　电刺激

5.4.1　在沥血过程中，宜对牛头或颈背部进行电刺激。

5.4.2　电刺激时，应确保牛屠体与电刺激装置的电极有效连接，电刺激工作电压宜42V，作用时间宜不少于15s。

【内容解读】

本条款规定了牛屠宰时电刺激的操作要求。

1. 电刺激的作用

电刺激是牛在宰杀放血后，在一定的电压和电流下对牛屠体进行的通电操作。电刺激会引起肌肉收缩，消耗牛屠体中的乳酸和磷酸肌酸。研究证明，电刺激会加速肉 pH 的降低，防止肉的冷收缩，使牛放血更充分，并缩短成熟时间。此外，电刺激还会使牛肉变得柔嫩、多汁，具有良好的风味。电刺激的模式包括间歇式、连续式和时间控制式，电刺激的部位可选择鼻孔和颈部放血位置。基于此，本标准规定了在沥血过程中，宜对牛头或颈背部进行电刺激（图 5-4、彩图 3）。

图 5-4 牛沥血过程中进行电刺激

2. 电刺激的参数

电刺激时，只有确保牛屠体与电刺激装置的电极有效连接，才能达到电刺激效果。电刺激的参数应根据牛的品种、个体大小、年龄、性别等适当进行调整。根据生产实际，本标准规定牛的电刺激工作参数电压宜 42 V，作用时间宜不少于 15 s。

【实际操作】

将电刺激设备接上电源，打开电气控制系统。当牛通过悬挂输送设备输送至电刺激工位时，操作人员戴上绝缘手套将电夹夹在牛鼻孔或颈部放血刀口处，启动电刺激设备开关，对牛胴体进行电刺激处理，电刺激的电压设置为 42 V，作用时间不少于 15 s。

五、去前蹄

【标准原文】

5.5 去前蹄

从腕关节下刀，割断连接关节的韧带及皮肉，割下前蹄，编号后放入指定容器中。

【内容解读】

本条款规定了牛屠宰时去前蹄的操作要点。

牛是偶蹄动物，每个指（趾）端有4个蹄，直接与地面接触的2个称为主蹄，不与地面接触的2个为悬蹄。腕关节的周围韧带、神经分布比较丰富，关节软骨通常血管和神经分布较少，方便切断，一般不会出现血迹。所以，通常选择从腕关节处去前蹄。割下前蹄后，对前蹄进行编号，便于实施同步检验。

【实际操作】

用已消毒的刀，从腕关节下刀，在前腿的腕关节稍微偏下处割下前蹄。割断连接关节的结缔组织、韧带及皮肉，割下前蹄放入指定的容器内，并进行编号（图5-5、彩图4）。

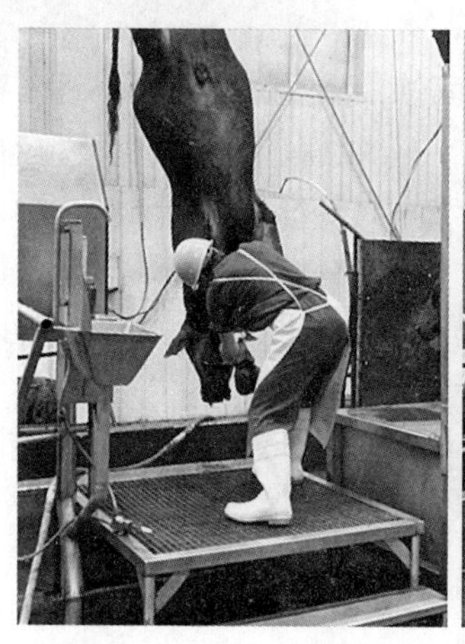
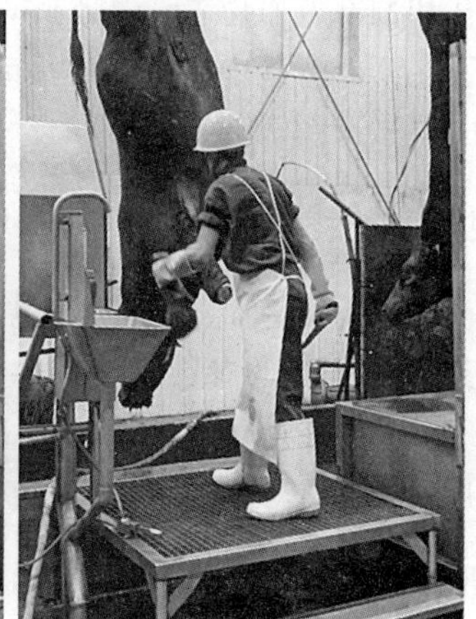

图5-5 去牛前蹄

六、结扎食管

【标准原文】

5.6 结扎食管

5.6.1 剥离气管和食管，宜将气管与食管分离至食道和胃结合处。

5.6.2 将食管顶部结扎牢固，使内容物不致流出。

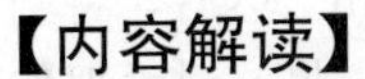

【内容解读】

本条款规定了结扎食管的操作要求。

结扎食管是为了避免内脏出腔时食管中胃内容物对牛胴体造成污染。由于牛的气管和食管是相邻的两个管道，食管结扎的位置在食道和胃结合处附近，在结扎食管前，需先将气管和食管剥离开（图 5 - 6、彩图 5）。在食管顶部结扎食管，结扎应牢固，以防止胃内容物流出。

（a）食管结扎器

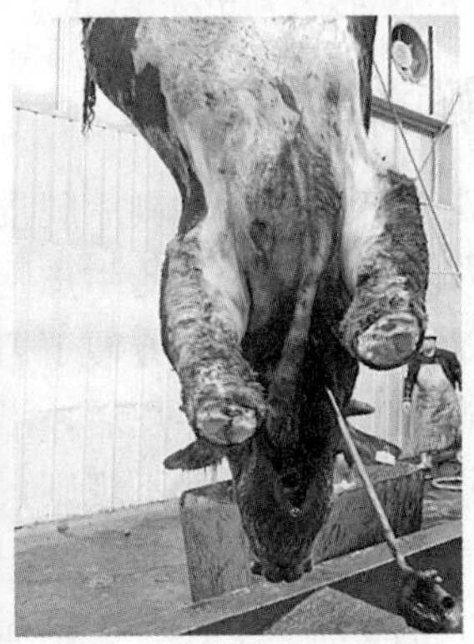

（b）结扎食管

图 5 - 6　结扎食管

因此，本标准规定“将食管顶部结扎牢固，使内容物不致流出”。

【实际操作】

1. 剥离气管和食管

操作人员一只手扯出食管和气管，另一只手用刀将气管和食管与周围的结缔组织剥离开，并将食管和气管分离 20 cm～30 cm。然后，将剥离开的食管套入食管结扎器的顶部，一只手抓住食管底部，另一只手抓住食管结扎器，将食管结扎器推至食管顶部，直到食道和胃结合处，将气管与食管完全分离。

2. 结扎食管

启动食管结扎器，将食管结扎器顶部的橡皮圈扎在食管上，结扎的位置靠近食管顶部。注意应确保结扎牢固，用于结扎的橡皮圈应结实、完整，防止胃内容物流出。

七、剥后腿皮

【标准原文】

5.7 剥后腿皮

5.7.1 从跗关节下刀，刀刃沿后腿内侧中线向上挑开牛皮。

5.7.2 沿后腿内侧线向左右两侧剥离跗关节上方至尾根部的牛皮，同时割除生殖器。

5.7.3 割掉尾尖，并放入指定容器中。

【内容解读】

本条款规定了牛屠宰时剥后腿皮的操作要点。

牛后腿内侧跗关节附近的牛皮上覆盖的毛较少。所以，从后腿跗关节内侧划开后腿皮阻力较小，方便下刀。

挑开后腿内侧中线的牛皮后，沿着后腿内侧线向左右两侧划开牛皮可将后腿皮剥开。生殖器形状不规则，需要手工操作，在先划开后腿内侧皮张后割除生殖器方便操作。

尾尖是牛的副产物之一，割掉后应对其进行收集并放入指定容器中。

【实际操作】

用挑刀的方式，从牛未被吊挂的腿的跗关节处下刀。刀刃沿后腿内侧中线向上挑开牛皮，划至另一条腿内侧跗关节处，将两条腿内侧中线的牛皮都划开。

一般先剥左后腿皮（图 5－7、彩图 6）。从趾关节下刀，刀刃沿左后腿内侧中线向上挑开牛皮，再向左右两侧剥离趾关节上方至尾根部的牛皮。用刀在跗部后侧开始向上挑过夹档至生殖器（或乳房）处，将右后腿皮剥开至膝关节以上肌肉（米龙）全部暴露为止，并在眼结节之上、胫骨与跟腱之间戳孔便于换钩。

图 5-7　剥牛后腿皮

沿牛尾根部近臀部一面中线，将牛皮挑开与腿部预剥皮线相交。接着用刀将腿后侧皮剥开，顺势向下剥至臀部尾根处。最后，剥至腹部外侧面肌肉（腹外斜肌）上部分露出 5 cm～10 cm，尾根的正下方皮露出 5 cm～10 cm，防止机械扯皮时破坏胴体。注意，操作幅度不宜过大，要保持正确的持刀方式，刀在前，手在后，避免交叉污染和伤及操作人员。剥皮时，不应损伤胴体，保证皮上不带肉。

割尾尖时，操作人员先用刀将牛尾尖部的毛割除。随后，用刀从尾尖沿着牛尾内侧中线挑开牛尾皮，一直挑到尾根，再沿着挑开的线向左右两侧剥离牛尾皮。最后，割除尾尖，放入指定容器中。

八、去后蹄

【标准原文】

5.8　去后蹄

从跗关节下刀，割断连接关节的韧带及皮肉，割下后蹄，编号后放入指定容器中。

【内容解读】

本条款规定了牛屠宰时去后蹄的操作要点。

跗关节的周围韧带、神经分布比较丰富，关节软骨处的血管和神经分布较少，一般不会出现血迹。此外，从跗关节处下刀，便于转挂时牛屠体承重，防止屠体脱落。因此，去后蹄一般选择从跗关节处下刀。为进行同步检验检疫，应对割下的牛后蹄进行编号后放入指定容器中。

【实际操作】

用已消毒的剪蹄钳，在牛后腿跗关节以上 2 cm～3 cm 处剪去后蹄。割下的后蹄放入指定容器中，运送至牛蹄加工间。剪的位置要准确，避免剪掉大筋。剪蹄钳每剪一次后蹄，消毒后轮换使用。后蹄剪下后对其进行编号，再放入指定容器中（图 5－8、彩图 7）。

图 5－8　剪牛后蹄

九、转　　挂

【标准原文】

5.9　转挂

用提升装置辅助牛屠体转挂，先用一个滑轮吊钩钩住牛的一只后腿将牛屠体送到轨道上，再用另一个滑轮吊钩钩住牛的另一只后腿送到轨道上。

【内容解读】

本条款规定了牛屠宰时转挂的操作要点。

转挂是从放血输送线转入胴体加工输送线的一个转换工序。用提升装置辅助牛屠体转挂，可以减轻操作人员的劳动强度。提升装置包括电葫芦等多种设备，轨道包括管轨、双轨和扁轨等。

【实际操作】

在沥血输送线上，先预剥左腿皮，切下左后蹄，然后在眼结节之上、胫骨与跟腱之间戳孔，再用滑轮吊钩钩住左后腿趾关节处，用转挂提升机提起输送到轨道上；然后，释放锁链扣住的右后腿，预剥右腿皮，切下右后蹄，同样在胫骨与跟腱之间戳孔，再用另一个滑轮吊钩钩住右腿趾关节处，将牛屠体平稳送到轨道上（图5-9、彩图8）。操作人员应注意检查牛后腿大肌是否完好，如已发生断裂或可能发生断裂，应及时采取措施。

（a）转挂过程中勾住牛的后腿　　（b）转挂完毕

图5-9　转挂

十、结扎肛门

【标准原文】

5.10　结扎肛门

5.10.1　人工结扎

5.10.1.1　将橡皮筋套在操作者手臂上，将塑料袋反套在同一手臂上，抓住肛门并提起。另一只手持刀将肛门沿四周割开并剥离，边割边提升，提高约10cm。

5.10.1.2　将塑料袋翻转套住肛门，用橡皮筋扎住塑料袋，将结扎好的肛门塞回。

5.10.2　机械结扎

采用专用结扎器结扎肛门。

5.10.3　结扎要求

结扎应准确、牢固，不应使粪便溢出。

【内容解读】

本条款规定了牛屠宰时结扎肛门的操作要点。

封肛工序是为出腔工序做预处理准备，避免粪便对牛胴体造成污染。人工结扎是牛屠宰企业常用的结扎肛门的方式。随着屠宰工艺技术和水平的提高，一些屠宰企业开始使用专用结扎器结扎肛门，结扎效果好，效率高，还可减少人力成本，是一种值得推广的结扎肛门的方法。

肛门结扎应准确、牢固，以防止牛粪便溢出，污染胴体。

【实际操作】

人工结扎肛门时，操作者一只手套上结扎用的塑料袋和橡皮筋，把食指和中指伸入牛肛门并与大拇指一起撮住肛门边缘；另一只手握刀在肛门四周划开相连的组织，使肛门整体脱离屠体以能拉出，边割边用力提升肛门，约提高 10 cm。将塑料袋翻转套住肛门，用橡皮筋使塑料袋口夹紧肛门，将结扎好的肛门塞回腹腔。

图 5-10　结扎肛门

机械结扎时，把肛门结扎环套在肛门结扎钳上，启动气动开关使之扩到最大位置，将结扎环套入已用塑料袋包好的肛门，结扎的位置离肛门头 15 cm～20 cm（图 5-10、彩图 9）。

注意结扎时应准确、牢固，不应使粪便溢出。

十一、剥胸、腹部皮

【标准原文】

5.11　剥胸、腹部皮

5.11.1　用刀将腹部皮沿胸腹中线从胸部挑到裆部。

5.11.2　沿腹中线向左右两侧剥开胸腹部皮至肷窝止。

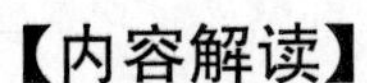

【内容解读】

本条款规定了牛屠宰时剥胸、腹部皮的操作要点。

用刀将腹部皮沿胸、腹中线从胸部挑到裆部，以便划出胸腹线。然后，沿腹中线向左右两侧剥开胸腹部皮至肷窝止，剥开胸、腹部皮。

【实际操作】

用挑刀的方式，从胸部下刀，沿胸、腹部中线位置，从腹部划开至裆部，划开胸腹线。注意操作中不能破坏牛皮和胴体。接着，操作人员一只手持铁钩钩住已剥开的牛皮，另一只手持刀，按照从上到下、从外向里的方向，沿腹中线向左右两侧将牛胸部、腹部的皮剥开至肷窝。肩部外侧肌肉应露出 5 cm～10 cm，防止扯皮时破坏该处肌肉（图 5－11、彩图 10）。

图 5－11　剥胸、腹部皮

操作中用铁钩固定牛皮有助于减少胴体污染；剥皮时，应把皮与肉间的筋膜保留在肉上，尽量将腹部皮深剥，防止牛皮回卷而污染胴体。操作时，要避免破坏胴体、皮张和皮下脂肪，双手不得接触胴体。如果不慎污染了胴体，用刀修整，勿冲洗胴体，以免扩大污染范围。

十二、剥颈部及前腿皮

【标准原文】

5.12　剥颈部及前腿皮

5.12.1　从腕关节下刀，沿前腿内侧中线挑开牛皮至胸中线。

5.12.2　沿颈中线自下而上挑开牛皮。

5.12.3 从胸颈中线向两侧进刀，剥开胸颈部皮及前腿皮至两肩止。

【内容解读】

本条款规定了剥牛颈部及前腿皮的操作要点。

牛前腿内侧中线处附着的毛较少，方便下刀，从腕关节下刀，沿中线挑开比较容易。

牛脖的皮毛致密，在划开胸腹线后，顺刀口自下而上划开牛脖的皮毛相对容易。

预剥颈部及前腿皮，为扯皮工序作准备。

【实际操作】

操作人员一只手扯住牛前腿皮毛，另一只手从前腿腕关节下刀，用挑刀的方式，沿前腿内侧中线挑开牛皮至胸中线；再用刀沿颈底部中线自下而上挑开颈部皮肤，从胸颈中线向两侧进刀，剥开胸颈部两侧皮及前腿皮至两肩止。

十三、扯　　皮

【标准原文】

5.13　扯皮

5.13.1 分别锁紧两后腿皮，使毛皮面朝外，启动扯皮设备，将牛皮卷扯分离胴体。

5.13.2 扯到尾部时，减慢速度，用刀将牛尾的根部剥开。

5.13.3 在扯皮过程中，边扯边用刀具辅助分离皮与脂肪、皮与肉的粘连处。

5.13.4 扯到腰部时，适当提高速度。

5.13.5 扯到头部时，把不易扯开的地方用刀剥开。

5.13.6 分离后皮上不带脂肪、不带肉，皮张不破损。

5.13.7 对扯下的牛皮编号，并放到指定地方。

【内容解读】

本条款规定了扯皮的操作要点。

1. 锁紧后腿皮

牛体积较大，通常需借助扯皮机进行扯皮，扯皮时需使用锁链等锁紧牛后腿皮，牛屠体保持倒挂。根据操作方式不同，牛扯皮机扯皮时分由上到下和由下到上两种扯皮方式。扯皮操作时，注意将皮毛外翻，防止污染屠体。

2. 扯尾部皮

因尾部皮不易扯开，需用刀剥开后才能扯下。所以，当扯皮机扯皮到尾部时，需减慢速度，用刀将牛尾的根部剥开。

3. 用刀具辅助扯皮

扯皮过程中有不易扯开的部位，需用刀具剥开，辅助分离皮与脂肪、皮与肉的粘连处。

4. 扯腰部皮

腰部扯皮较为容易，可以适当加速。

5. 扯头部皮

因形状不规则，头部也有不易扯开的部位，需用刀剥开。

6. 扯皮要求

扯皮时，要求皮张应不带皮下脂肪、不带肉、无破裂，尽量保持皮张完整。

对扯下的牛皮编号后，放到指定地方，便于实施同步检验。

【实际操作】

扯皮有手工扯皮、机械扯皮或相互结合的方式。目前，牛屠宰企业多数采用机械扯皮。采用机械扯皮时，牛已剥开四肢、臀部、胸部、腹部、前颈等部位的皮，把操作台升至适当的位置，将倒挂的牛体移动到扯皮操作工位，牛背朝机器，用锁链锁紧后腿皮，使皮带毛的一侧背向扯皮机。开动扯皮机，向下后方拉紧皮张，使皮张与屠体保持 45°～60°的夹角，控制扯皮机由上而下运动，将牛皮扯下。同时，牛屠体两侧操作人员需用刀辅助作业，分离皮张与屠体间的结缔组织，顺序剥离，减少对胴体的扯伤。注意当扯到尾部时，减慢速度，操作人员用扯皮专用刀将牛尾的根部剥开；扯到腰部时，适当增加速度；扯到头部时，把不易扯开的地方用刀剥开（图 5－12、彩图 11）。

操作人员应保持皮张完整、无刀伤，皮上不带脂肪和肉，肉上不带

图 5-12 机械扯皮

皮。扯完皮后将扯皮机复位。牛皮滑入滑槽后，按下开启压缩空气按钮，牛皮将自动被吸入牛皮间，并对扯下的牛皮编号。在操作中，应按照从上到下、从里到外的顺序扯皮。如果需要抓住牛皮，应将牛皮向外翻转，防止牛皮污物污染屠体。

十四、去 头

【标准原文】

5.14 去头

去头工序也可以在 5.13 前进行，操作如下：

a) 将牛头从颈椎第一关节前割下，将喉头附近的甲状腺摘除，放入专用收集容器中。

b) 应将取下的牛头，挂到同步检验挂钩上或专用检验盘中。

c) 采用剪头设备去头时，应设置 82℃热水消毒装置，一头一消毒。

【内容解读】

本条款规定了去牛头的操作要点。

颈椎第一关节前是牛头与躯干的连接点，选择此处下刀，既可保证牛头的完整，又能使胴体的脖头断面平齐，操作上也省力、便捷。因此，本标准规定从颈椎第一关节前将牛头割下。

牛甲状腺位于食管和气管的两侧，共有两块。去头时，顺便摘除甲状腺。摘除甲状腺后，放入专门容器中收集，以便集中进行无害化处理。

将牛头挂同步检验挂钩上或专用检验盘中，便于实施同步检验。

在实际操作中，许多屠宰企业使用液压剪等设备去除牛头，使用剪头设备时应对剪刀进行清洗消毒，防止刀具对肉品造成交叉污染，消毒水温为 82℃。

【实际操作】

操作人员用刀从颈椎第一关节前将头与颈椎间的连接筋膜和肌肉割断。同时，用刀将牛头后部连接屠体的皮划开，将牛头卸下，挂（放）在指定的地方。牛头卸下后，为便于同步检验，应对其进行编号。

随后，操作人员先拉出牛气管和食管，用刀将甲状腺与食管和气管剥离，再用一只手抓住甲状腺，用刀将其从屠体上割下，放入专用收集容器中。

使用液压剪等设备去牛头时，设置 82℃热水消毒装置，保证一头一消毒。

十五、开　　胸

【标准原文】

5.15　开胸

从胸软骨处下刀，沿胸中线向下贴着气管和食管边缘，割开胸腔及脖部。用开胸锯开胸时，下锯应准确，不破坏胸腔内脏器。

【内容解读】

本条款规定了牛开胸的操作要点。

开胸是为出腔作预处理准备，开胸过程中应避免脏器破损而对牛胴体造成污染，尤其是在使用开胸锯等工具操作时。由于牛屠体中的食管、肠道、胃、胆囊、膀胱内还存在大量内容物，特别是消化道中内容物含有大量微生物。为防止污染，保证胴体和内脏的质量，一般需要在屠体剥皮后或带皮屠体在切肛后迅速进行开腔摘内脏，从放血到摘取内脏的过程不宜超过 25 min。如果牛屠体被胃肠内容物、胆汁或尿液污染，应另行处理。

开腔时，从牛胸软骨处下刀，沿胸中线向下贴着气管和食管边缘，能有效避免下刀时损伤脏器。用开胸锯开胸时，下锯应准确，不破坏胸腔内脏器。

【实际操作】

用刀从胸软骨处下刀，划开胸部，将气动胸骨锯圆头放进割开的小孔，启动气动胸骨锯沿胸中线向下贴着气管和食管边缘，锯开胸腔及脖部（图5-13、彩图12）。开胸时，下锯应准确，不破坏胸腔内脏器。每完成一头牛的开胸后，将气动胸骨锯放回消毒箱。注意在清洗气动胸骨锯时一定要切断气源，防止发生危险。一般在开胸后对牛屠体进行编号。

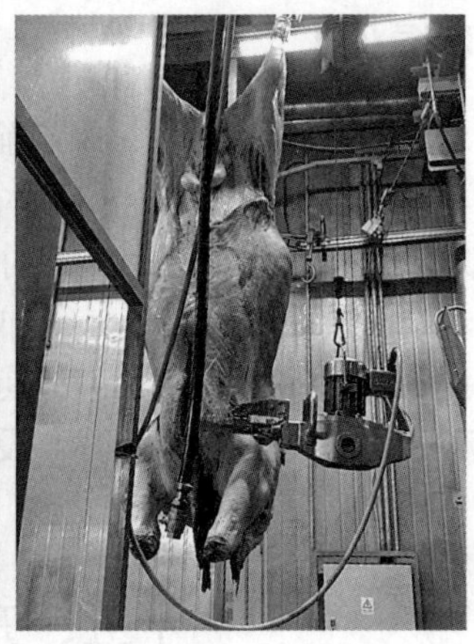

图5-13 开胸

十六、取 白 脏

【标准原文】

5.16 取白脏

5.16.1 在牛的裆部下刀向两侧进刀，割开肉与骨连接处。

5.16.2 刀尖向外，刀刃向下，由上至下推刀割开肚皮至胸软骨处。

5.16.3 用一只手扯出直肠，另一只手持刀伸入腹腔，从一侧到另一侧割离腹腔内结缔组织。

5.16.4 用力按下牛胃，取出胃肠送入同步检验盘中，然后扒净腰油。

5.16.5 母牛应在取白脏前摘除乳房。

【内容解读】

本条款规定了取牛白脏的操作要点。

牛的肠胃等腹腔内容物统称为白脏。在牛的裆部下刀不易破坏内脏。刀尖向外割开肚皮是为了防止划伤内脏，造成胴体污染。取白脏时，先拉出直肠有助于防止肠胃内容物流出，避免污染胴体和内脏。割离腹腔内结缔组织，方便取出白脏。

牛胃体积较大，通过用力按压，可将其从胴体中取出，送入同步检验盘。牛胃取出后，暴露出腰油，方便取出。

在取白脏前，应摘除母牛的乳房和公牛的生殖器，以避免生殖器官上的污染物污染内脏及胴体。

【实际操作】

1. 割腹肌

在牛的裆部下刀向两侧进刀，割开肉至骨连接处。在后腹会阴位置开一个可将手放进腹腔内的孔，反手握刀，握刀手伸进腹腔内，刀尖向外，刀刃向下，由上向下推刀割开腹肌至胸软骨处。

2. 割离肠系膜

一只手扯出直肠头，向下拉开肠四周的系膜组织；另一只手持刀伸入腹腔，从一侧到另一侧割离腹腔内的结缔组织。

3. 取出白脏

伸入腹腔肠胃两旁及后方，用刀割开相连组织，将胃和脾与腹腔分离开。用力按下牛胃，使白脏从腹腔脱离，落入同步检验盘，然后将腰油扒净。

在取白脏过程中，注意下刀要轻，不能划破内脏，不能使内容物外流污染胴体（图 5－14、彩图 13）。每次操作完毕需将刀放回消毒箱，并用 42℃热水洗手，时间在 5 s 以上。

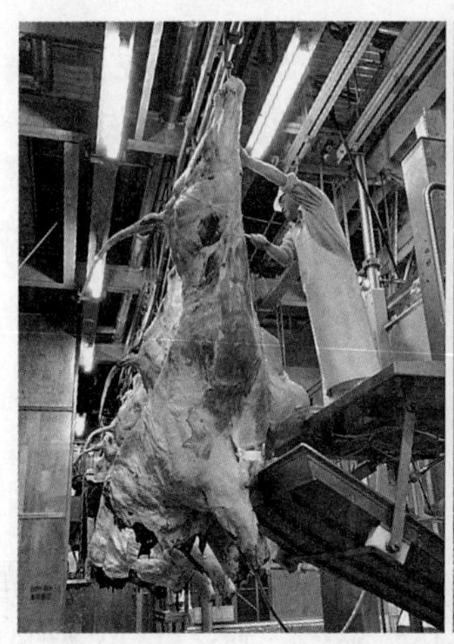
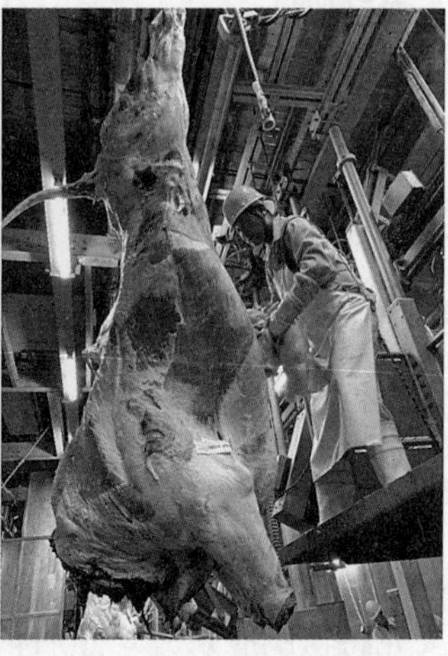

图 5－14　取牛白脏

4. 摘除乳腺组织或公牛生殖器

屠宰母牛时，用刀沿母牛腹部中线乳房坎凹陷处将乳房切下，放入指定容器中。屠宰公牛时，用刀沿公牛腹中线生殖器根部挑开表皮直到整个生殖器露出，将牛宝割下，放入指定容器中或挂钩上（图 5-15）。

图 5-15　摘除公牛生殖器

十七、取 红 脏

【标准原文】

5.17　取红脏

5.17.1　一只手抓住腹肌一边，另一只手持刀沿体腔壁从一侧割到另一侧分离横膈肌。取出心、肺、肝等挂到同步检验挂钩上或专用检验盘中。

5.17.2　冲洗胸腹腔。

【内容解读】

本条款规定了取牛红脏的操作要求。

1. 取心、肝、肺

牛的心、肝、肺等统称为红脏。白脏和红脏由横膈肌进行隔离，取红脏时，需要先将横膈肌切开，然后依次摘取心、肺、肝等，挂到同步检验挂钩上或专用检验盘中。划开腹壁膜时，采用刀尖向外指向皮张的方向，到剑状软骨处停止，可避免损伤内脏，保持牛红脏的完整性。

2. 冲洗胸、腹腔

胸、腹腔在取出红脏、白脏后，存在血迹等污物，为提升胴体质量，抑制微生物的繁殖，需要冲洗干净。

【实际操作】

一只手抓住腹肌一侧，另一只手持刀沿体腔壁从一侧割到另一侧分离横膈肌。首先，割开肝脏周围结缔组织，取出肝脏，挂于同步检验轨道的挂钩上，注意操作时不能划破胆囊。其次，割开心、肺周围的结缔组织以及气管与颈肉连接的组织，取出心和肺，将气管上端挂在同步检验轨道的挂钩上。再次，割开两肾的外膜，将肾脏取出，挂至同步检验轨道上。最后，用水管冲洗胸、腹腔（图5-16、彩图14）。

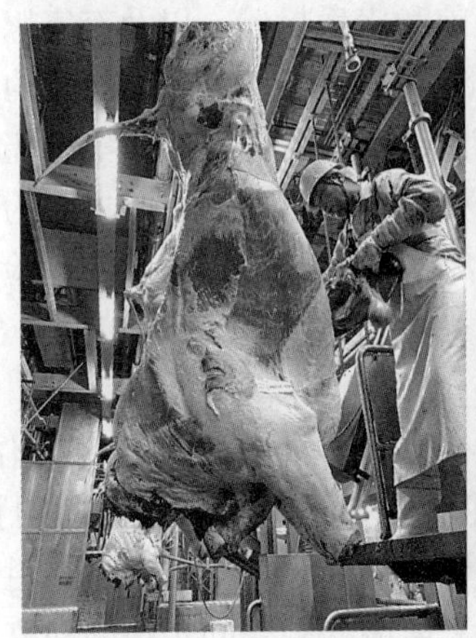
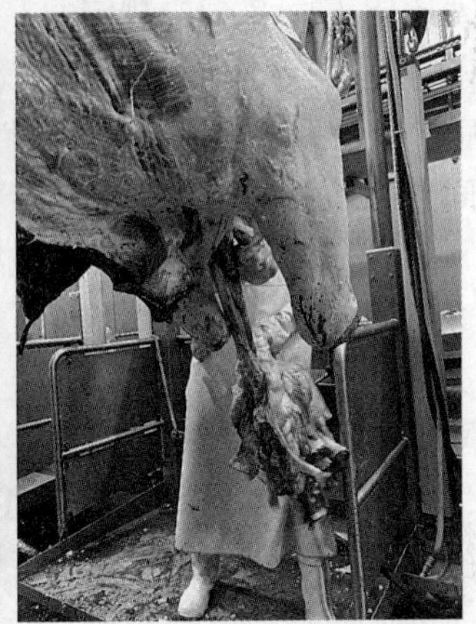

图5-16　取牛红脏

注意操作时避免损伤红脏和里脊肉，红脏不得落地和接触胴体。每次操作完毕，将所用刀具放回消毒箱，并用40℃左右热水洗手，时间在5 s以上。

十八、检验检疫

【标准原文】

5.18　检验检疫

同步检验按照GB 18393要求执行；同步检疫按照《牛屠宰检疫规程》要求执行。

【内容解读】

1. 同步检验检疫

（1）同步检验检疫的定义 同步检验检疫是与屠宰操作相对应，将牛的头、蹄、内脏与胴体生产线同步运行，由相关人员对照检验检疫进行综合判断的一种检查方法。宰前未检查出的品质问题需要进一步检验。同步检验检疫时，头、蹄、内脏、胴体在生产线上同步进行，任何部位检查发现问题，均需检查牛只其他部位是否存在问题。一旦有问题，按照《病死及病害动物无害化处理技术规范》（农医发〔2017〕25 号）要求进行无害化处理。

（2）同步检验检疫的内容 同步检验检疫主要检查《牛屠宰检疫规程》（农医发〔2010〕27 号　附件 3）规定的 8 种疫病和《牛羊屠宰产品品质检验规程》（GB 18393—2001）规定的宰前和宰后检验，以及有害腺体和病变组织、器官的摘除等。同步检验检疫也要注意这 2 个规程规定的检疫对象以外的疫病，以及中毒性疾病、应激性疾病和非法添加物等的检验检疫。

（3）同步检验检疫的方法 同步检验检疫以感官检验方法为主，如视检、嗅检、触检和剖检。必要时，进行实验室检验。实验室检验的重点是疫病和违禁药物检测，应由具有相关资质的实验室承担，并出具检测报告。

（4）同步检验检疫的编号要求 同步检验检疫应与屠宰操作相对应，对同一头牛的头、蹄、内脏、胴体甚至皮张等统一编号进行对照检验检疫。流水线上设置了同步检验检疫装置的屠宰厂，只需将主轨道的胴体上挂编号牌即可，红脏、白脏和头、蹄无需编号。无同步检验检疫装置的屠宰厂，需对胴体和离体的红脏、白脏和头、蹄进行统一编号。编号方法可以选择贴纸号法和挂牌法等。统一编号有助于找出病变和异常屠体的所有器官并进行无害化处理。

（5）同步检验检疫的技术要点 同步检验检疫主要是运用兽医病理学、传染病学、寄生虫学和实验室诊断技术等，在高速流水作业条件下，迅速、准确地对屠体的状况作出正确判断，需要掌握各种疫病典型的“特征性病理变化”。同步检验检疫时，应注意以下事项：剖检操作顺序是先上后下、先左后右、先重点后一般、先疫病后品质。检查时，不可过度剖检，随意切制，应保证产品的完整性，发现疫病时除外。检查肌肉组织时，应顺肌纤维方向切开，横断肌肉会同时切断血管，易导致细菌的侵入或蝇蛆的附着以及影响产品外观。检查淋巴结时，应沿长轴纵切，切开上

2/3～3/4，将剖面打开进行视检。杜绝将淋巴结横断或切成两半，并减少伤及周围组织。检查肺、肝、肾时，检验检疫钩应钩住这些器官“门部”附近的结缔组织，以避免钩破内脏器官。

2. 三腺

三腺是指甲状腺、肾上腺和病变淋巴结，在屠宰过程中应予以摘除。三腺中含有对人体有害的物质，误食后容易导致食物中毒，会对消费者身体健康和食品安全带来威胁。

(1) 甲状腺 甲状腺，也称“栗子肉”，是一种内分泌器官。牛甲状腺位于喉后方、前几个气管环的两侧和腹面，分为左右2个侧叶和连接2个侧叶的腺峡。牛的甲状腺侧叶较发达，色较浅，呈不规则的三角形，长6 cm～7 cm，宽5 cm～6 cm，厚约1.5 cm，腺小叶明显，腺峡发达。

甲状腺通常在屠宰放血后摘除，结构比较坚韧且附着在气管环上，形状较扁平，似海贝状，颜色深红且有白色网状结缔组织被膜覆盖。甲状腺的内部有大量甲状腺素，甲状腺素化学性质稳定，通常的家庭烹饪不能破坏甲状腺素的有效成分。一旦人误食甲状腺，会导致人体内的甲状腺素增多，影响人体正常的内分泌以及新陈代谢。人误食甲状腺后，通常在数小时内发病，往往伴有头痛、头昏、失眠、眼和手颤抖、皮肤脱皮起疹、脱发等症状。

(2) 肾上腺 肾上腺，也称“小腰子”，是成对红褐色器官，位于两侧肾脏的前方，通常在摘除白脏时一并摘出。肾上腺呈褐色、三棱条状，右肾上腺在右肾前端内侧，左肾上腺位于左肾前方，外部有一层白色的纤维膜包裹，与周围部位颜色相近。因此，摘除时需要仔细观察。肾上腺素能够调节机体对压力的反应，如果人误食肾上腺，可导致人体水盐代谢发生障碍，并伴有血压升高、心跳加剧、血糖升高、肌肉无力等症状。

(3) 病变淋巴结 淋巴结也称“花子肉”，在牛体内广泛分布，牛机体上的主要淋巴结包括下颌淋巴结、颈浅淋巴结、髂下淋巴结、腹股沟浅淋巴结、腘淋巴结、肠系膜淋巴结、髂内淋巴结等。淋巴结的摘除工作需要整条屠宰流水线共同完成，摘除下的淋巴结形态各异，状态各不相同，但是通常都以一个“肉核”形状存在。淋巴结是牛体重要的防御器官之一，参与机体细胞免疫反应。同时，对侵入机体的微生物（细菌、病毒等)、毒素及其他异物，具有过滤、破坏和杀灭作用。正由于这些功能，淋巴结内聚集着较多的病毒和细菌，不可食用。正常的淋巴结是灰白色，一旦淋巴结出现肿胀、充血、出血等，说明动物受到感染。

【实际操作】

1. 同步检验检疫

（1）头蹄部检查

①头部全面观察。检查鼻唇镜、齿龈、舌面有无水疱、溃疡、烂斑等。

咽喉、舌根、扁桃体等观察：未剥头皮的，先从下颌间隙中间进刀将头皮剥开，然后用检验刀将下颌骨间软组织与下颌骨分离，在舌的两侧和软腭上各切一刀，从下颌间隙拉出舌尖，并沿下颌骨将舌根两侧切开，使舌根和咽喉全部露出受检。观察口腔黏膜和扁桃体有无出血、溃疡和色泽变化。

下颌骨观察：必要时，可结合观察上下颌骨的状态，检查有无开放性骨瘤且有脓性分泌物或在舌体上长有类似肿块等。如果见到下颌、眼眶有鸡蛋大的硬节，可初步诊断为放线菌。

淋巴结检查：《牛屠宰检疫规程》（农医发〔2010〕27号　附件3）规定剖检侧咽后内侧淋巴结和两侧下颌淋巴结。观察有无充血、水肿、出血、坏死、炎症、化脓等病变。检查时，仅剖一侧咽后内侧淋巴结，以左侧咽后内侧淋巴结检查为例。操作时，左手用检验钩牵引喉部，右手持刀顺舌骨支隆起部纵向从中部剖开咽后内侧淋巴结，剖面充分暴露。下颌淋巴结检查时，由左右下颌角分别向后找到下颌腺后缘外侧，即可摸到被下颌腺覆盖的下颌淋巴结，从两侧下颌骨角内侧切开下颌淋巴结，进行观察。

摘除甲状腺：操作时，左手持钩钩住气管环，右手持刀切开与气管附着连接处的结缔组织，然后左手抓住已剥离开的甲状腺，用检验刀小心剥离左右两侧的甲状腺，然后再剥离连接二者之间的腺峡，完整剥离甲状腺。注意：头部检查摘除甲状腺时，应注意观察甲状腺完整与否，如不完整，应在肺脏检查时将相应胴体的气管环上的甲状腺找到并摘除。必须将甲状腺割除干净，不得有遗漏，摘除后不能随意丢弃，应存放在不透水的专用容器中。

舌肌和咬肌检查：先检查左侧咬肌，操作时左手持钩，钩住位于检验检疫员左侧咬肌的外缘；右手握刀紧贴下颌骨外侧，先向前运刀数厘米，割开坚韧的筋膜，再向后下方平行切开内外咬肌，剖面充分暴露，检查有无虫体大小如黄豆、呈椭圆形的囊尾蚴。水牛还要观察有无肉孢子虫寄生。接下来，检查右侧咬肌，方法同左侧。再检查舌肌，沿舌系带面纵向切开舌肌，剖面充分暴露，检查有无囊尾蚴。

②蹄部检查。检查蹄冠、蹄叉部的皮肤有无水疱、溃疡、烂斑、结痂

等，重点排查牛口蹄疫病。

（2）内脏检查　屠体剖腹前后应观察被摘除的乳房、生殖器官和膀胱有无异常，随后对相继摘出的胃、肠和心、肝、肺进行全面对照检查。根据《牛屠宰检疫规程》（农医发〔2010〕27号　附件3）规定的程序，按照内脏摘出的顺序及各屠宰厂的工艺流程设置进行，分为2个检查点，白脏检查点（检查胃、肠、脾）和红脏检查点（检查肺、心、肝）。由于牛的内脏体积很大，一般单个摘出检查。检查流程按照内脏摘出顺序进行。具体操作顺序如下：

①腹腔视检。打开腹腔后先进行全面观察，通过腹腔切口观察腹腔有无积液、粘连、纤维素性渗出物。视检胃肠的外形、肠系膜浆膜有无异常、有无创伤性胃炎。

②脾脏检查。检查脾脏的弹性、颜色、大小等。必要时，剖检脾实质。

③肠系膜淋巴结检查。检查其形状、色泽，有无肿胀、出血、异常增生和干酪变性、虫卵沉积等变化。操作时，左手抓住空肠系膜末端，将小肠全部展开，检查全部肠系膜淋巴结有无异常。右手持刀纵剖肠系膜淋巴结20 cm以上（沿肠系膜淋巴结链条方向剖开，剖检两刀，每刀刀迹长约10 cm）。注意：由于牛肠系膜比较厚而且坚韧，注意运刀时不能割破肠系膜，否则会引起出血，也不能触及肠壁，如割破肠壁也要马上消毒清洗。

④胃、肠检查。先进行全面观察，检查肠袢、肠浆膜，剖开肠系膜淋巴结，检查形状、色泽，有无肿胀、出血、异常增生和干酪变性、虫卵沉积等变化。必要时剖开胃、肠，检查内容物、黏膜及有无出血、结节、寄生虫等。注意有无创伤性胃炎病变、肠系膜血管有无日本血吸虫寄生。操作时，先进行全面观察，翻动胃、肠，仔细观察胃、肠及肠系膜浆膜和肠系膜血管有无异常。进行肠系膜淋巴结剖检。必要时，开展胃、肠病理剖检，包括剖检肠系膜淋巴结；观察胃肠浆膜；清除胃、肠内容物，并注意检查内容物状态等；检查胃、肠黏膜，打开胃壁和肠壁观察胃、肠黏膜，注意有无出血、脓肿、溃疡、结节、寄生虫等。如果检查头部时发现口蹄疫病变或可疑时，此时应注意检查胃、肠有无出血性炎症，瘤胃黏膜尤其注意肉柱部分有无浅平褐色糜烂。

⑤膀胱检查及摘除。视检胴体上的膀胱或被摘除的膀胱，如有异常，摘除后进行剖检。左手持钩，钩住膀胱表面以固定膀胱，右手持刀纵向切开膀胱，暴露膀胱黏膜。观察有无异常。

⑥肺脏检查。检查两侧肺脏实质、色泽、形状、大小及有无淤血、出血、气肿、水肿、化脓、实变、结节、粘连、寄生虫等；剖检一侧支气管淋巴结和纵隔后淋巴结，检查切面有无淤血、出血、水肿、干酪变性和钙

化结节病灶等。必要时，剖开肺实质、气管、结节部位。气管上附有甲状腺的，应摘除。

视、触检肺脏，采用吊挂检查的操作方法是，左手持钩，钩住肺脏膈叶下缘固定肺脏；右手持刀，用刀背向上顶住尖叶，仔细观察两侧肺脏色泽、形状、大小有无异常。

开展淋巴结的检查。第一，检查支气管淋巴结。吊挂检查的操作方法是，左手持钩，钩住左肺尖叶与支气管之间的结缔组织向下拉开，暴露支气管；右手持刀，紧贴气管向下运动，纵剖位于肺支气管分叉背面的左侧支气管淋巴结，剖面充分暴露进行观察。检验台检查的操作方法是，左手持钩，钩住左肺支气管淋巴结附近的结缔组织；右手持刀，纵剖位于肺支气管分叉背面的左侧支气管淋巴结，剖面充分暴露进行观察。右侧支气管淋巴结检查方法与左侧支气管淋巴结检查方法相同。

第二，检查纵隔淋巴结。左手持钩，右手持刀，沿纵隔方向切检中、后两组淋巴结，剖面充分暴露进行检查。

第三，必要时开展肺实质、气管、结节检查。肺实质剖检的操作方法是，沿肺脏中部切开，剖面充分暴露。气管剖检的操作方法是，左手持钩，钩住气管环；右手运刀纵剖切开气管，然后用钩和刀向左右打开切口，观察其黏膜有无异常。

肺脏的常见病变为炎症、坏疽、气肿、脓肿、严重淤血、水肿以及呛血、呛食等。当发现肺有肿瘤或纵隔淋巴结等异常肿大时，应将相应胴体推入病肉岔道进行处理。

⑦心脏检查。检查心脏的形状、大小、色泽及有无淤血、出血等；必要时剖开心包，检查心包膜、心包液和心肌有无异常。第一，观察心包及剖开心包，检查心包膜、心包液有无异常，注意有无创伤性心包炎、心外膜出血。第二，检查心脏。观察心脏的形状、大小、色泽及有无淤血、出血等，注意有无虎斑心、心外膜出血等。第三，必要时切检左心室，操作方法是，左手持钩，钩住心脏的左纵沟上方的脂肪组织以固定心脏；右手持刀，纵向剖开与左纵沟平行的心脏后缘房室分界处，观察心室肌。观察有无心内膜炎、心内膜出血、心肌炎、心肌脓疡、心肌囊尾蚴、肉孢子虫寄生，有无肿瘤等。

⑧肝脏检查。检查肝脏的大小、色泽，触检其弹性和硬度；剖开肝门淋巴结，检查有无出血、淤血、肿大、坏死等。必要时剖开肝实质、胆囊和胆管，检查有无硬化、萎缩、日本血吸虫等。第一，对肝脏开展视检和触检，操作方法是，左手持钩，钩住肝的结缔组织，观察肝脏壁面和脏面有无病变。第二，开展肝门淋巴结检查。第三，检查胆管和胆囊。观察胆

囊、胆管，发现异常如胆管粗大凸起等，应将肝脏移到检验台进行检查，以免污染生产线。

胆管剖检的操作方法是，左手持钩钩住肝门的结缔组织，在肝门下方以浅刀斜切并横断胆管，然后用刀背向切口方向挤压胆管，检查有无肝片吸虫。胆管未见异常的可以不剖检。必要时开展胆囊剖检，操作方法是沿胆囊长轴切开，检查有无出血、淤血、结石、肿瘤，寄生虫损害。必要时也可开展肝脏实质剖检，右手持刀，横切肝脏实质，沿肝脏中部切开，剖面充分暴露，检查有无异常。

肝脏的主要病变有肝淤血、脂肪变性、肝硬变、肝脓肿、肝坏死、寄生虫性病变、富脉斑、锯屑肝、槟榔肝等。当发现可疑肝癌、胆管癌和其他肿瘤时，应将相应胴体推入病肉岔道进行处理。

⑨摘除肾上腺。左手持检验钩，钩住左右肾上腺之间上部的结缔组织，右手持检验刀，首先将右肾上腺上方及右侧的结缔组织，连同右肾上腺及连接的浆膜割下，然后将左肾上腺及左侧的结缔组织，连同左肾上腺及连接的浆膜割下。摘除后不得随意丢弃，要存放在不透水的有明显标识的专用容器中集中处理。全部焚毁处理或作为生化制剂的原料。

注意摘取胃、肠及膀胱时将肾上腺完整保留在胴体内，不得损伤。肾上腺应在摘取肾脏及胴体劈半之前摘除，否则肾上腺将破损。如果没有摘除，需要在摘出的带有肾脂囊的肾脏上摘除肾上腺。

⑩肾脏检查。剥离肾包膜，视检肾脏色泽、大小和形状是否正常，触检弹性和硬度，观察有无出血、淤血、变性、坏死、囊肿和肿瘤等病变。必要时剖开肾实质，检查皮质、髓质和肾盂有无出血、肿大等。

首先，开展肾脏检查。吊挂检查的操作方法是，左手持钩，钩住肾脂囊中部；右手握刀，由上向下沿肾脂囊表面纵向将肾脂囊及肾包膜剖开，深度以不伤及肾实质。然后将刀尖伸进刀口，以刀尖背侧将肾包膜向右外侧挑开。同时，将左手的检验钩拉紧沿顺时针向左上方转动，两手外展，将肾脏从肾脂囊和肾包膜中完全剥离出来，观察肾脏有无异常。右肾检查方法与左肾检查方法相同。

必要时可开展肾脏剖检，操作方法是，剖开肾实质，纵向切开，剖面充分暴露，检查皮质、髓质和肾盂有无出血、肿大等，还应注意检查有无间质性肾炎、萎缩、先天性囊肿、梗死、肾盂积液、肿瘤等。主要病变可见肾囊肿、肾结石、肾盂积水、肾萎缩、肾硬化、肾脓肿、各种肾炎、先天性囊腔、肿瘤等。

⑪摘除卵巢和子宫。吊挂牛剖腹后，左手提起卵巢，右手持刀将其摘除，放到专用容器中。然后摘除子宫，放到专用容器中。也可以一并将卵

巢和子宫摘除。

注意：摘除后不得随意丢弃，要存放在不透水的专用容器中，容器要有明显的标识。可作为提取生物产品的原料或集中销毁处理。

⑫生殖器官检查。《牛羊屠宰产品品质检验规程》（GB 18393—2001）规定在屠体剖腹前后应观察被摘除的乳房、生殖器官和膀胱有无异常。建议在摘除生殖器官前在胴体上进行视检和淋巴结检查，如有异常，摘除之后与内脏进行对照检查。

睾丸和附睾检查：检查睾丸有无肿大，睾丸、附睾有无化脓、坏死灶等。用检验刀从中部切开，剖面充分暴露，观察有无异常。

乳房的视检和触检：视检乳房形状、大小，注意有无肿大、变形、水疱、脓疱、结节，触检乳房弹性。乳房淋巴结检查（必要时）：将乳房淋巴结从中部切开，剖面充分暴露，观察有无病变。也可以开展乳房实质切检（必要时）：持检验刀沿乳房中部切开乳房实质，剖面充分暴露，进行观察。当发现有化脓性乳房炎、生殖器官肿瘤和其他病变时，将相应胴体连同内脏等推入病肉岔道，由专人进行对照检查和处理。

子宫检查：视检母牛子宫浆膜和黏膜的色泽，触检质地，注意浆膜有无出血、黏膜有无黄白色或干酪样结节。子宫剖检的操作方法是，纵向切开，暴露子宫黏膜，检查黏膜有无黄白色或干酪样结节。

(3) 胴体检查

①胴体整体检查。检查内容包括检查皮下组织、脂肪、肌肉、淋巴结，以及腹腔浆膜有无淤血、出血，疹块、脓肿和其他异常等（图 5 - 17）。

第一，视检整体。视检整体的操作方法是，左手用检验钩，钩住胴体腹部组织加以固定，视检整体和四肢，从上至下仔细观察有无异常，有无淤血、出血、化脓病灶，腰背部和前胸有无寄生性病变；臀部有无注射痕迹，发现后将注射部位的深部组织和残留物挖净。

图 5 - 17　胴体检查

第二，胸、腹腔视检。检验腹腔有无腹膜炎、脂肪坏死和黄染；检验胸腔中有无肋膜炎和结节状增生物，观察颈部有无血污和其他污染。

第三，肌肉检查（必要时）。检查股部内侧肌、内腰肌和肩胛外侧肌有无淤血、水肿、出血、变性等症状，有无囊泡状或细小的寄生性病变。

内腰肌：纵切内腰肌观察切面有无牛囊尾蚴寄生。左侧腰肌检查：左手持钩，钩住左侧腹壁；右手持刀，紧贴腰椎运刀，由上向下将腰肌完全切离腰椎。然后再将腰肌切口中部钩住，向左外侧拉，暴露切面，也可在腰肌切面上再向下平行纵切两刀，仔细观察切面上有无牛囊尾蚴寄生或钙化灶。右侧腰肌检查：左手持钩，反向钩住右侧腹壁；右手持刀，位于左手下方紧贴腰椎运刀，由上向下将腰肌完全切离腰椎。然后再将腰肌切口中部钩住，向右外侧拉，暴露切面。也可在腰肌切面上再向下平行纵切两刀，仔细观察切面上有无牛囊尾蚴寄生或钙化灶。

股部内侧肌和肩胛外侧肌检查：检验有无淤血、水肿、出血、变性等病变，有无囊泡状或细小的寄生性病变。仔细观察股部内侧肌和肩胛外侧肌有无肿胀、白色条纹、条块的斑纹状外观的恶性口蹄疫症状，有无DFD肉特征。必要时，进行剖检。

②淋巴结检查。按照颈浅淋巴结（肩前淋巴结）、髂下淋巴结和腹股沟深淋巴结的顺序进行检查。

颈浅淋巴结（肩前淋巴结）检查：牛胴体倒挂时，在肩关节前稍上方，形成一个椭圆形隆起，颈浅淋巴结就埋藏在内。在肩关节前稍上方剖开臂头肌、肩胛横突肌下的一侧颈浅淋巴结，检查切面形状、色泽及有无肿胀、淤血、出血、坏死灶。两侧检查方法相同。如在屠宰流程中有去掉肩淋巴油的工序，取出自淋巴油收集到专用容器，然后切检颈浅淋巴结进行观察，并摘除淋巴结置于专用容器收集。

髂下淋巴结（股前淋巴结、膝上淋巴结）检查：牛胴体倒挂时，由于腿部肌群向后牵直，将原来膝槽拉成一道斜沟，此沟中可见一条长约10 cm的棒状隆起，髂下淋巴结就埋藏在其内。

剖开一侧淋巴结，检查切面形状、色泽、大小及有无肿胀、淤血、出血、坏死灶等。

左手持钩，钩住膝褶斜沟的棒状隆起；右手运刀，在膝关节的前上方、阔筋膜张肌前缘膝褶内侧脂肪层剖开一侧髂下淋巴结，充分暴露切面，检查有无异常。两侧检查方法相同。

腹股沟深淋巴结检查（必要时）：腹股沟深淋巴结位于髂外动脉分出股深动脉的起始部上方，胴体倒挂时，位于骨盆腔横径线的稍下方、骨盆边缘侧方 2 cm～3 cm 处，有时候也稍向两侧上下移位。剖开一侧淋巴结，充分暴露切面，检查切面形状、色泽、大小及有无肿胀、淤血、出血、坏死灶等。两侧检查方法相同。

(4) 寄生虫检查　按照《牛屠宰检疫规程》（农医发〔2010〕27 号　附件 3）规定，牛寄生虫的检疫对象为日本血吸虫病。牛真尾线、肉孢子虫、肝片吸虫对肉品的质量和食品安全也较重要，在此处列出其检疫方法供参考。

①日本血吸虫的检查。

检查部位：肝门静脉和肠系膜静脉、肝、胃、肠。

检查方法：通过肉眼观察，在肝门静脉和肠系膜静脉发现虫体或在肝、胃、肠发现虫卵结节，即可进行判定。必要时，进行实验室检验。实验室检验按照《家畜日本血吸虫病诊断技术》（GB/T 18640—2002）规定的粪便毛蚴孵化法和间接血凝试验技术进行检验。

②牛囊尾蚴检查。

检查部位：咬肌、腰肌、膈肌和心肌，必要时检查肩胛外侧肌、股内侧肌和臀部肌肉。

检查方法：剖检和显微镜观察。剖检的检查方法是，检验刀创检咬肌、心肌、腰肌和膈肌，观察肌肉切面有无椭圆形淡黄色半透明包囊或发生钙化。显微镜观察的检查方法是，在镜下可见囊尾蚴头节上的4个吸盘。

③肉孢子虫检查。

检查部位：咬肌、膈肌和心肌，必要时检查食管。

检查方法：肉眼观察和显微镜观察。肉眼观察，可见与肌纤维平行、大小3 mm～20 mm的呈白色纺锤形的孢子囊。显微镜观察虫体呈柳叶形，灰白色或白色，内含无数个肾形、镰刀形或香蕉形的滋养体。

④肝片吸虫检查。

检查部位：肝、胆管。

检查方法：左手持钩，钩住肝门的结缔组织，如见胆管粗大凸起，在肝门下方以浅刀斜切并横断胆管，然后用刀背向切口方向挤压胆管，检查有无肝片吸虫。

（5）摘除病变组织器官 宰后检查发现病变组织器官应摘除并按照相关规定进行处理。

（6）复检 复检于劈半后进行，复检人员结合上述所有检验检疫点的结果，进行一次全面复查，综合判定检验检疫结果。

（7）同步检验检疫结果处理

①合格肉品的处理。根据《牛屠宰检疫规程》（农医发〔2010〕27号附件3）规定，经全面检疫合格的，加盖国家统一规定的检疫验讫印章，并签发动物检疫合格证明（产品A或产品B），对分割包装的牛肉要加施检疫标志。健康无病、卫生、质量及感官性状符合要求的，由屠宰厂在牛胴体上加盖本厂的肉品品质检验合格印章。

②不合格肉品的处理。经检验检疫不合格的，按以下规定处理：

发现有口蹄疫、牛传染性胸膜肺炎、牛海绵状脑病及炭疽等疫病症状的，限制移动，并按照《中华人民共和国动物防疫法》《重大动物疫情应急条例》《动物疫情报告管理办法》《病死及病害动物无害化处理技术规范》（农医发〔2017〕25 号）等有关规定处理。

发现有布鲁氏菌病、牛结核病、牛传染性鼻气管炎等疫病症状的，病牛按相应疫病的防治技术规范处理，同群牛隔离观察，确认无异常的，准予屠宰。

发现患有《牛屠宰检疫规程》（农医发〔2010〕27 号　附件 3）规定以外疫病的，对病牛胴体及副产品按《病死及病害动物无害化处理技术规范》（农医发〔2017〕25 号）处理，对污染的场所、器具等按规定实施消毒，并做好记录。

发现脓毒症、尿毒症、急性和慢性中毒、恶性肿瘤、全身性肿瘤、过度瘠瘦及肌肉变质、高度水肿等的胴体、内脏、副产品，应全部作非食用或销毁。

组织和器官发现创伤、局部化脓、皮肤发炎、严重充血与出血、浮肿、病理性肥大或萎缩、变质钙化、寄生虫损害、非恶性肿瘤、异色、异味或异臭及其他有碍食品卫生部分，变化轻微的，割除病变部分进行非食用或销毁处理；变化严重的，进行化制或销毁处理。对患有开放性骨瘤且有脓性分泌物或在舌体上有类似肿块的牛头，进行化制处理。

2. 三腺

牛甲状腺摘除的工序在去头环节。牛肾上腺的摘除工序在副产物整理时进行。牛的肩前淋巴结的摘除是在取红脏之后进行。操作人员用刀划开牛肩前淋巴结所在的肩部皮肤，一只手将肩前淋巴结扯出（也可以用镊子将肩前淋巴结夹出），另一只手用刀将其割下。牛的其他淋巴结主要在副产物分割时摘除。牛的甲状腺、肾上腺和淋巴结应收集起来，集中进行无害化处理。

十九、去　尾

【标准原文】

5.19　去尾

沿尾根关节处割下牛尾，摘除公牛生殖器，编号后放入指定容器中。

【内容解读】

本条款规定了去尾的操作要求。

去尾操作一般设单独工序进行，沿尾根关节割下牛尾。将牛尾编号后放入指定容器中，便于实施同步检验。

【实际操作】

沿牛尾根部将牛尾割去，编号后放入指定容器中，公牛还应用刀摘除生殖器。实际操作中，割牛尾也可在扯皮后、出白脏前进行。

二十、劈　半

【标准原文】

5.20　劈半

5.20.1　将劈半锯插入牛的两后腿之间，从耻骨连接处自上而下匀速地沿着牛的脊柱中线将牛胴体锯（劈）成胴体二分体。

5.20.2　锯（劈）过程中应不断喷淋清水。不宜劈斜、劈偏，锯（劈）断面应整齐，避免损坏牛胴体。

【实际操作】

本条款规定了劈半的操作要求。

劈半是使用电锯沿后部骨盆正中把牛体从盆骨、腰椎、胸椎、颈椎正中锯成左右两片的操作。牛屠宰时，使用的劈半工具有往复式劈半锯、带式劈半锯和自动劈半机。往复式劈半锯是借助平衡器的人工手持劈半设备，其特点是轻便灵巧、易操作，使用时需配平衡器。操作方法是，打开电源，操作者双手持锯，从牛胸软骨处下刀进行劈半操作。劈半过程中要用力均匀，不可劈偏。带式劈半锯是以封闭带锯为工作部件的劈半设备，其特点包括在使用中需要喷水装置清洗和冷却锯条，与平衡器配合使用减轻劳动强度，手握方便无震动，低电压运行安全性高等。操作方法是打开电源，抬起锯前端开始劈半作业，锯入胴体后要扶稳锯身，力应均匀，劈半过程中不要停顿。自动劈半机通常在自动化程度较高的大型屠宰加工企业中使用，由机械劈半系统、感应定位系统、同步输送系统和在线清洗系统等组成，其特点是定位准确、运行平稳。劈半时，先接通设备电源，自动劈半机感应到牛胴体后会自动进行定位，机械劈半系统开始劈半作业。劈半的同时，在线清洗系统会对胴体劈半面进行清洗，也能对刀具起到润滑作用。

劈半时，不宜劈斜、劈偏，锯（劈）断面整齐，避免破坏牛胴体，保持产品的完整性，保证产品品质（图 5－18、彩图 15）。

图 5-18　劈半

【实际操作】

将牛体背对劈半锯，将劈半锯放入牛的两腿之间，开动劈半锯，从耻骨连接处下锯，从上到下匀速地沿牛的脊柱中线将牛胴体锯（劈）成胴体二分体，锯（劈）半过程中应不断喷淋清水，不得劈斜、劈偏、断骨，锯（劈）断面应整齐，露出骨髓，避免损坏牛胴体。注意操作时禁止其他人在操作台下走动停留，并保持工作台清洁，防止滑倒摔伤。每劈半操作一头牛后将劈半锯放回消毒箱消毒。

二十一、胴体修整

【标准原文】

5.21　胴体修整

5.21.1　取出脊髓、内腔残留脂肪放入指定容器中。

5.21.2　修去胴体表面的淤血、残留甲状腺、肾上腺、病变淋巴结、污物和浮毛等，应保持肌膜和胴体的完整。

【内容解读】

本条款规定了牛胴体修整的操作要点。

1. 脊髓、内腔残留脂肪的收集

胴体修整是肉类加工的主要组成部分，通常在劈半后进行。牛劈半后，脊柱中脊髓显露出来，需要先进行收集。此外，取完内脏后，内腔中还残留少量脂肪，需要取出并收集。

2. 胴体修整

牛胴体的淤血影响感官，残留的甲状腺、肾上腺，肩前、腹股沟等淋巴结，以及粪便等污染物、操作不慎残留的浮毛等都会影响胴体的品质。所以，需要逐一将胴体上的淤血、残留甲状腺、肾上腺、病变淋巴结、污物和浮毛等进行修整，同时注意不要损伤肌膜。

【实际操作】

取出脊髓、内腔残留脂肪放入指定容器内。修整胴体表面时，操作人员一只手拿镊子，另一只手持刀，用镊子夹住所要修割的部位，去除胴体表面的淤血、残留甲状腺、肾上腺、肩前淋巴结、污物和浮毛等不洁物，注意保持肌膜和胴体的完整（图 5－19、彩图 16）。

图 5－19　胴体修整

二十二、计量与质量分级

【标准原文】

5.22　计量与质量分级

用称量器具称量胴体的重量。根据需要按照 NY/T 676 进行分级。

【内容解读】

本条款规定了计量与质量分级的要求。

计量称重是屠宰加工产品质量追溯体系的重要环节，是与其他肉品信息一起建立肉品档案的主要信息之一。《牛肉等级规格》（NY/T 676—2010）适用于牛肉品质分级，由大理石纹等级和生理成熟度两个指标来评定牛肉品质等级。

【实际操作】

称量胴体重量前，电子轨道秤应称量准确，定期进行校准，确保在计量误差的允许范围内。称量牛胴体，及时准确记录数据以备检查（图 5－20）。

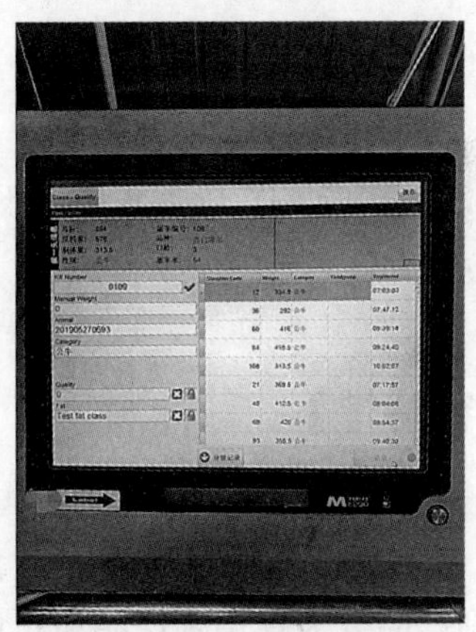

图 5－20　牛胴体称重

二十三、清　洗

【标准原文】

5.23　清洗

由上而下冲洗整个牛胴体内外、锯（劈）断面和刀口处。

【内容解读】

本条款规定了牛屠宰时的清洗要求。

实践经验表明，宰后对胴体进行冲洗净化能够清除粪便、牛毛等可视污物，降低后续工作中肉品的污染程度，减少宰后胴体表面微生物污染，使胴体及分割肉能够达到可接受水平。同时，能降低牛胴体腔内温度。冲洗的顺序是从上而下，有助于防止冲淋造成胴体污染。通常屠宰企业对清洗水温没有严格限制，一般使用32℃以下或常温水喷淋。清洗水温对于清洗效果和肉品质量作用不明显，对水温过于限制也不利于企业操作和节约能源。推荐使用带有一定压力的水枪进行冲洗，相对于常压冲洗效果更好。

【实际操作】

冲洗一般是在胴体冷却前实施，可以采用温水冲洗、喷淋、蒸汽喷淋等方式。牛屠宰企业通常采用人工冲洗的方式，使用32℃以下或常温清水冲洗，具体操作为由上到下冲洗整个胴体内侧及锯口、刀口处。

二十四、副产品整理

【标准原文】

5.24　副产品整理

5.24.1　副产品整理过程中，不应落地加工。

5.24.2　去除污物、清洗干净。

5.24.3　红脏与白脏、头、蹄等应严格分开，避免交叉污染。

【内容解读】

本条款规定了副产品整理的操作要求。

根据《食品安全国家标准　畜禽屠宰加工卫生规范》（GB 12694—2016），副产品分为食用副产品和非食用副产品。食用副产品是指牛屠宰、加工后，所得内脏、脂、血液、骨、皮、头、蹄（或爪）、尾等可食用的产品；非食用副产品，指牛屠宰、加工后，所得皮、毛、角等不可食用的产品。随着社会经济的发展、人民生活水平的提高，对肉类食品的需求量越来越大，特别是牛肉呈现出供不应求的局面，牛肉副产品市场需求越来越广阔，良好的副产品整理操作有利于保证产品品质。

1. 副产品不应落地

副产品落地，会被地面上残留的血污、毛发以及胃、肠内容物等污染，影响副产品品质。

2. 清洗副产品

牛的副产品整理是根据企业的生产实际情况，对副产品进行清洗和整理，增加产品的附加值和利用率，提升企业效益。

3. 副产品应严格分开

头、蹄等带有血污、毛发等，白脏内通常有胃、肠内容物等污染物，不同副产品放在一起容易造成交叉污染。因此，本标准规定副产品加工应严格分开。

【实际操作】

牛的可食用副产品作为食材原料，需按照食材原料的管理进行整理，整理过程中不得落地操作。去除污物主要是指去除胃、肠内的污物，将牛胃、肠清洗整理好，同时将胃、肠表面的油脂整理好。对于红脏，只存在清洁、整理；对于白脏，存在对内容物的清洗；毛头、毛蹄则需做进一步烫毛处理，应分开生产线操作。

分离红脏前，先按所需分割产品种类准备速冻包装盒和塑料包装膜等材料。整理红脏时，应先将脾和心、肝、肺分离，并将脾放置在指定的容器中，脾只能作为非食用副产品。接着，对心、肝、肺分别整理，操作时先将牛的心、肝、肺分离。心摘出后，修去周边的血管、脂肪和包膜等，修整要平整、美观，不要划伤牛心，然后放入容器中计量称重。牛肝摘出后，先扯去胆囊，剔除有出血点、明显脂肪肝和病变的牛肝，然后放入指定容器中计量称重。牛胃取出后，从胃小弯处开口翻转，用流水清洗，将内容物洗净，剔除有病变的牛胃，将胃黏膜外翻，再次用水洗净。根据需求可以将牛胃分割为胃头和胃叶两部分，放入专门的包装容器中，计量称重。

牛肾整理时，需修去肾门处的脂肪、血管（允许带肾包膜）和输尿管，擦净血污，放入专门的容器中计量称重，注意将有病变的牛肾剔除。

二十五、预　冷

【标准原文】

5.25　预冷

5.25.1　按顺序推入牛胴体，胴体应排列整齐、间距应不少于 10 cm。

5.25.2　入预冷间后，胴体预冷间设定温度 0℃～4℃，相对湿度保持在 85%～90%，预冷时间应不少于 24 h。

5.25.3　入预冷间后，副产品预冷间设定温度 3℃以下。

5.25.4　预冷后，胴体中心温度达到 7℃以下，副产品温度达到 3℃以下。

【内容解读】

本条款规定了牛胴体预冷的要求。

胴体冷却是 HACCP 体系的关键控制点之一，它是采用一定的冷却程序（温度、湿度或外加冷却介质）降低宰后胴体温度，排出胴体内部热量的过程。预冷能够尽可能快地降低胴体的温度，抑制微生物的生长，保证肉品安全，最大限度地延长产品的保质期，降低导致产品食用品质劣化的胴体变化，并减缓肌肉蛋白质的变性。

1. 预冷时胴体间的距离

预冷时胴体间保持一定的距离有利于空气的流通。生产经验表明，冷却时牛胴体和胴体之间的距离至少需达到 10 cm，才能使牛胴体在成熟过程中不会相互影响。

2. 预冷温度和湿度

（1）温度 刚屠宰完毕的牛胴体温度在 37℃左右。此外，牛死后肌肉内发生一系列生物化学反应，释放一定量的僵直热，使牛胴体肌肉温度升至 40℃左右。通常情况下，20℃～40℃的温度非常适合微生物的繁殖。此外，牛肌肉中内源酶的活性也较高，不利于其储存销售。因此，宰后的牛胴体宜尽快冷却，从而抑制微生物的生长和繁殖，延长肉品的保质期，提升肉品品质。

肉一般在－1.2℃左右开始冻结，保证冷却温度在 0℃以上，可避免牛胴体表面冻结造成内部热量释放受阻，影响深层牛肉的颜色、口感等品质；4℃以下细菌繁殖速度较低，可降低牛胴体被微生物污染的风险。适宜的牛胴体冷却温度，能够避免牛胴体表面干结，且可加速牛胴体的尸僵成熟过程。肉的僵直是指畜禽屠宰后，由于肌肉中肌凝蛋白凝固、肌纤维硬化所产生的肌肉僵硬挺直的过程。肉的成熟是肌肉在内源性酶的作用下，糖原减少，乳酸增加，肉质变软、多汁的过程。这种变化称为肉的成熟，也叫后熟。

（2）相对湿度 相对湿度对于控制牛肉冷却的损耗至关重要，冷却时牛肉的表面和冷却间会产生蒸汽压的差异，使肉中水分向外界迁移，造成损耗。因此，在预冷时要增加冷却间的湿度。

（3）冷却时间 牛的冷却时间短，可以提高生产效率，降低生产成本。但是，牛在短时间内快速冷却容易造成冷收缩。冷收缩是指当肌肉温度降低到 10℃以下、pH 下降到 5.9～6.2 时，所发生的收缩。发生冷收缩的肉，成熟时不能充分软化，食用时硬度大，难以食用。根据企业实际情况，预冷后，胴体中心温度应达到7℃以下，副产品温度应达到3℃以下，至少预冷24 h才能将胴体中心温度降低至目标温度以下。

3. 副产品冷却后的中心温度

3℃以下细菌繁殖速度较低，可降低牛副产品被微生物污染的风险。实践经验表明，3℃以下的温度能够更好地保证牛副产品的质量。

4. 预冷后温度要求

在冷却过程中，胴体深层温度确定肉的尸僵程度。因此，本标准确定了冷却后胴体的中心温度。冷却后胴体的中心温度保持在7℃以下，副产品中心温度应保持在3℃以下。这两个指标与《食品安全国家标准　畜禽屠宰加工卫生规范》（GB 12694—2016）等标准中的规定保持一致。

【实际操作】

牛冷却时，将胴体推入冷却间，不同吊轨间的胴体按品字形等方式整齐排列，胴体间的距离保持不少于10 cm，以利于空气循环和胴体散热。启动冷风机，使冷却间温度保持在0℃～4℃，相对湿度保持在85%～90%，预冷时间不少于24 h，后腿肉通常不少于48 h。冷却过程中尽量少开门和减少人员出入，以维持冷却间的冷却条件，减少微生物污染。

为了确保胴体深层温度达到要求，冷却后需要对胴体深层温度进行测量，到达指定温度后才能开展下一步操作。预冷后，检查胴体pH及深层温度，通常以后腿最厚部位中心温度低于7℃为标准，符合要求的进行剔骨、分割、包装（图5-21）。副产品入预冷间后，应将冷却间设定温度在3℃以下，预冷后其中心温度应达到3℃以下。

图5-21　预冷

二十六、分　割

【标准原文】

5.26　分割

分割加工按GB/T 17238、GB/T 27643等要求进行。

【内容解读】

分割加工是肉类加工的主要组成部分，特别是牛肉加工不可缺少的加工过程。《鲜、冻分割牛肉》（GB/T 17238—2008）“5.2.2.3 分割”以及《牛胴体及鲜肉分割》（GB/T 27643—2011）均规定了分割相关内容。

【实际操作】

依据《鲜、冻分割牛肉》（GB/T 17238—2008）“5.2.2.3 分割”中的规定，应确保分割间温度保持在12℃以下。修整应平直持刀，保持肌膜、肉块完整；肉块上不得带伤斑、血淤、血污、碎骨、软骨、病变组织、淋巴结、脓包、浮毛或其他杂质。鲜、冻分割牛肉分割部位见图5-22，牛肉分割间见图5-23。

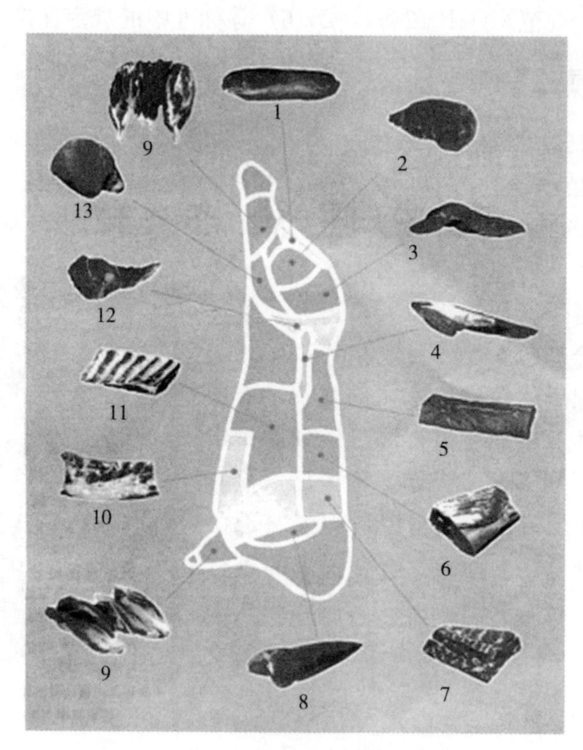

图5-22 鲜、冻分割牛肉分割部位

1. 小黄瓜条（eye round） 2. 米龙（topside） 3. 大黄瓜条（outside plat）
4. 里脊（tenderloin） 5. 外脊（striploin） 6. 眼肉（ribeye）
7. 上脑（high rib） 8. 辣椒条（chuck tender） 9. 腱子肉（shinshank）
10. 胸肉（brisket） 11. 腹肉（thin flank） 12. 臀肉（rump） 13. 牛霖（knuckle）

图5-23　牛肉分割间

《牛胴体及鲜肉分割》(GB/T 27643—2011)对牛胴体及鲜肉分割的方法进行了规定，详见第6章。

二十七、冻　　结

【标准原文】

5.27　冻结

冻结间温度为−28℃以下。待产品中心温度降至−15℃以下转入冷藏间储存。

【内容解读】

本条款规定了牛肉的冻结要求。

冻结是使肉深层温度降至−15℃以下的过程。冻结后的肉，称为冻肉。加工冻肉的目的是延长保质期。冻结是牛肉长期储藏的最重要的方法，能够在长期储藏中最大限度地保持牛肉原有的色泽风味和营养成分。

肉类冻结过程对肉品质量具有重要影响，在速冻过程中，为保证牛肉的品质和储藏期，牛肉中心温度必须达到−18℃以下。按照《食品安全国家标准　畜禽屠宰加工卫生规范》(GB 12694—2016)中7.6的规定："生产冷冻产品时，应在48h内使肉的中心温度达到−15℃以下后方可进入冷藏储存库。"《食品安全国家标准　畜禽屠宰加工卫生规范》(GB 12694—2016)中4.3.1规定："预冷设施温度控制在0℃～4℃；分割车间温度控制在12℃以下；冻结间温度控制在−28℃以下；冷藏储存库温度控制在−18℃以下。"

产品冻结速度越快，产品自然解冻失水越少，微生物指标越低。不同的冻结方式和包装处理会影响牛肉速冻过程中心温度的下降速度。研究表明，胴体悬挂且留有间隙时，胴体双面冻结效果较好。包装材质与厚度也影响冻结时间。

【实际操作】

将牛肉产品分割、包装完毕，装箱，送入-28℃冻结间。一般采用直接冻结的方式，在 48 h 内可使温度下降到-15℃以下，随后转入冷藏间储存（图 5-24）。

图 5-24　冷藏间

第 6 章

包装、标签、标志和储存

【标准原文】

6　包装、标签、标志和储存

6.1　产品包装、标签、标志应符合 GB/T 191、GB 12694 等相关标准要求。

6.2　储存环境与设施、库温和储存时间应符合 GB 12694、GB/T 17238 等相关标准要求。

【内容解读】

本条款规定了牛产品包装、标签、标志和储存的要求。

1. 产品包装、标签、标志的要求

为了长时间保存冻结的肉类，应将其移至冷藏库中冷藏储存。低温冷藏是肉类加工后保存产品的主要方法。冷冻肉包装材料除了能防止氧气和水蒸气透过以避免脂肪的氧化酸败外，还必须能适应温度的急剧变化，一般采用塑料复合膜包装、纸包装等。由于这些包装材料直接接触牛肉产品，故需要符合无毒、无害的要求，避免对牛肉造成污染。

《包装储运图示标志》（GB/T 191—2008）规定了包装储运图示标志的名称、图形符号、尺寸、颜色及应用方法，该标准适用于各种货物的运输包装。《食品安全国家标准　畜禽屠宰加工卫生规范》（GB 12694—2016）中“8.1　包装”规定：“包装材料应符合相关标准，不应含有有毒有害物质，不应改变肉的感官特性。肉类的包装材料不应重复使用，除非是用易清洗、耐腐蚀的材料制成，并且在使用前经过清洗和消毒。内、外包装材料应分别存放，包装材料库应保持干燥、通风和清洁卫生。产品包装间的温度应符合产品特定的要求。”

《农产品包装和标识管理办法》（农业部令第 70 号）中规定：“农产品

生产企业、农民专业合作经济组织以及从事农产品收购的单位或者个人包装销售的农产品，应当在包装物上标注或者附加标识标明品名、产地、生产者或者销售者名称、生产日期。有分级标准或者使用添加剂的，还应当标明产品质量等级或者添加剂名称。未包装的农产品，应当采取附加标签、标识牌、标识带、说明书等形式标明农产品的品名、生产地、生产者或者销售者名称等内容。农产品标识所用文字应当使用规范的中文。标识标注的内容应当准确、清晰、显著。销售获得无公害农产品、绿色食品、有机农产品等质量标志使用权的农产品，应当标注相应标志和发证机构。禁止冒用无公害农产品、绿色食品、有机农产品等质量标志。畜禽及其产品、属于农业转基因生物的农产品，还应当按照有关规定进行标识。”

2. 储存要求

根据《食品安全国家标准　畜禽屠宰加工卫生规范》（GB 12694—2016）规定，应根据牛肉产品的特点和卫生需要选择适宜的储存和运输条件，必要时应配备保温、冷藏、保鲜等设施。不得将牛肉产品与有毒、有害或有异味的物品一同储存运输。应建立和执行适当的仓储制度，发现异常应及时处理。储存、运输和装卸食品的容器、工器具和设备应当安全、无害，保持清洁，降低食品污染的风险。储存和运输过程中应避免日光直射、雨淋、显著的温湿度变化和剧烈撞击等，防止产品受到不良影响。

储存库内成品与墙壁应有适宜的距离，不应直接接触地面，与天花板保持一定的距离，应按不同种类、批次分垛存放，并加以标识。储存库内不应存放有碍卫生的物品，同一库内不应存放可能造成相互污染或者串味的产品。储存库应定期消毒。冷藏储存库应定期除霜。肉类运输应使用专用的运输工具，不应运输畜禽、应无害化处理的畜禽产品或其他可能污染牛肉的物品。包装肉与裸装肉应避免同车运输，如无法避免，应采取物理性隔离防护措施。运输工具应根据产品特点配备制冷、保温等设施。运输过程中应保持适宜的温度。运输工具应及时清洗消毒，保持清洁卫生。

《鲜、冻分割牛肉》（GB/T 17238—2008）“8.3　运输”和“8.4　储存”中规定，鲜、冻分割牛肉应使用符合卫生要求的冷藏车或保温车（船）。市内运输可使用封闭、防尘车辆。鲜分割牛肉应储存在0℃～4℃的条件下。冻分割牛肉应储存在低于－18℃的冷藏库内，储存不超过12个月。

【实际操作】

1. 产品包装、标签、标识的要求

若采用箱装，箱子的质量与设计要求应符合《包装储运图示标志》（GB/T 191—2008）的要求，包装储运图标志的名称、图形符号、尺寸、颜色及应用方法按照 GB/T 191 的规定执行（图 6-1）。若使用食品塑料周转箱，则食品塑料周转箱的产品分类、技术要求、试验方法、检验规则及标志、包装、运输、储存按照《食品塑料周转箱》（GB/T 5737—1995）的规定执行。该标准适用于以聚烯烃塑料为原料、采用注射成型法生产的无内格的食品箱。产品的标识、出厂牛胴体的检验检疫标识应符合《农产品包装和标识管理办法》（农业部令第 70 号）的要求。

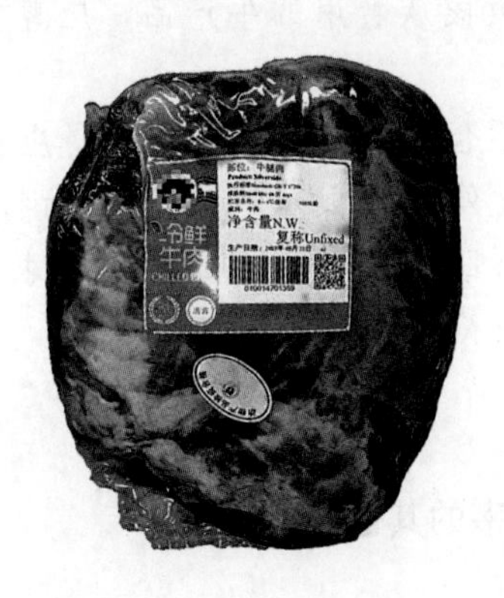

图 6-1　包装牛肉产品

2. 储存要求

储存环境与设施、库温和储存时间应符合《食品安全国家标准　畜禽屠宰加工卫生规范》（GB 12694—2016）中“8.2　储存和运输”、《鲜、冻分割牛肉》（GB/T 17238—2008）中“8.3　运输”和“8.4　储存”等相关标准的要求。

第 7 章 其他要求

【标准原文】

7 其他要求

7.1 屠宰供应少数民族食用的牛产品，应尊重少数民族风俗习惯，按照国家有关规定执行。

7.2 经检验检疫不合格的肉品及副产品，应按 GB 12694 的要求和《病死及病害动物无害化处理技术规范》的规定执行。

7.3 产品追溯与召回应符合 GB 12694 的要求。

7.4 记录和文件应符合 GB 12694 的要求。

【内容解读】

本条款规定了牛屠宰的其他要求。

1. 无害化处理

《中华人民共和国动物防疫法》第 25 条规定，禁止生产、经营、加工、储藏、运输"依法应当检疫而未经检疫或者检疫不合格的；染疫或者疑似染疫的；病死或者死因不明的"等动物和动物产品。牛屠宰过程中不可避免会存在检疫、检验不合格的产品，只能通过无害化处理来消除不合格产品带来的危害。处理方法应当符合《病死及病害动物无害化处理技术规范》（农医发〔2017〕25 号）的要求，保障肉品健康，防止疫病散播。

2. 产品追溯与召回

（1）产品的追溯 《中华人民共和国食品安全法》要求食品的安全责任要落实到第一责任人。因此，必须建立追溯体系，实现产品追查时可知道屠宰牛的养殖地和屠宰厂信息等。一旦发生不合格，便可立即控制问题产品，掌握问题产生的原因等。本标准规定的建立追溯体系的具体要求和

《食品安全国家标准　畜禽屠宰加工卫生规范》(GB 12694—2016) 中第9章的规定基本一致。

(2) 产品召回　屠宰厂一旦发现屠宰的牛胴体及其牛肉产品不符合食品安全标准或可能会对人类健康造成危害，就必须立即停止生产经营，通知消费者停止消费，及时对不安全的产品采取补救措施或者无害化处理等。为保证问题产品的可控性，需要建立产品召回制度。

3. 记录和文件

《中华人民共和国食品安全法》《中华人民共和国农产品质量安全法》对记录管理制度和相关记录提出了明确要求，尤其《中华人民共和国农产品质量安全法》第24条规定："农产品生产企业和农民专业合作经济组织应当建立农产品生产记录，如实记载下列事项：(一) 使用农业投入品的名称、来源、用法、用量和使用、停用的日期；(二) 动物疫病、植物病虫害的发生和防治情况；(三) 收获、屠宰或者捕捞的日期。农产品的生产记录应当保存二年，禁止伪造农产品生产记录。"本标准涉及牛入厂验收、宰前检查、宰后检查、无害化处理、消毒、储存等环节的记录。

【实际操作】

1. 无害化处理

根据《食品安全国家标准　畜禽屠宰加工卫生规范》(GB 12694—2016) 中"6.4　无害化处理"的要求，经检疫检验发现的患有传染性疾病、寄生虫病、中毒性疾病或有害物质残留的畜禽及其组织，企业应使用专门的、封闭不漏水的容器并用专用车辆及时运送，并在官方兽医监督下进行无害化处理。对于患有可疑疫病的应按照有关检疫检验规程操作，确认后应进行无害化处理。其他经判定需无害化处理的畜禽及其组织应在官方兽医的监督下，进行无害化处理。企业应制定相应的防护措施，防止无害化处理过程中造成人员危害，以及产品交叉污染和环境污染。

根据《病死及病害动物无害化处理技术规范》(农医发〔2017〕25号)，病死及病害动物和相关动物产品的处理方式包括焚烧法、化制法、高温法、深埋法、化学处理法等，对病死及病害动物和相关动物产品无害化处理的技术工艺和操作注意事项，处理过程中病死及病害动物和相关动物产品的包装、暂存、转运、人员防护和记录等按照《病死及病害动物无害化处理技术规范》(农医发〔2017〕25号) 的要求进行操作。

2. 产品追溯与召回

根据《食品安全国家标准　畜禽屠宰加工卫生规范》(GB 12694—2016) 中“9　产品追溯与召回管理”，企业应建立完善的可追溯体系，确保肉类及其产品存在不可接受的食品安全风险时，能进行追溯。畜禽屠宰加工企业应根据相关法律法规建立产品召回制度，当发现出厂产品属于不安全食品时，应进行召回，并报告官方兽医。

企业应根据国家有关规定建立产品召回制度。当发现生产的食品不符合食品安全标准或存在其他不适于食用的情况时，应当立即停止生产，召回已经上市销售的食品，通知相关生产经营者和消费者，并记录召回和通知情况。对被召回的食品，企业应当进行无害化处理或者予以销毁，防止其再次流入市场。对因标签、标识或者说明书不符合食品安全标准而被召回的食品，应采取能保证食品安全且便于重新销售时向消费者明示的补救措施。此外，企业应合理划分记录生产批次、采用产品批号等方式进行标识，便于产品追溯。

3. 记录和文件

根据《食品安全国家标准　畜禽屠宰加工卫生规范》(GB 12694—2016) 中“12　记录和文件管理”，企业应建立记录制度并有效实施，包括畜禽入厂验收、宰前检查、宰后检查、无害化处理、消毒、储存等环节，以及屠宰加工设备、设施、运输车辆和器具的维护记录。记录内容应完整、真实，确保对产品从畜禽进厂到产品出厂的所有环节都可进行有效追溯。企业应记录召回的产品名称、批次、规格、数量、发生召回的原因、后续整改方案及召回处理情况等内容。企业应做好人员入职、培训等记录。对反映产品卫生质量情况的有关记录，企业应制定并执行质量记录管理程序，对质量记录的标记、收集、编目、归档、存储、保管和处理作出相应规定。所有记录应准确、规范并具有可追溯性，保存期限不得少于肉类保质期满后 6 个月；没有明确保质期的，保存期限不得少于 2 年。企业应建立食品安全控制体系所要求的程序文件。

第 8 章 牛的分割

一、牛分级技术

我国现行有效的牛胴体分级相关标准为《牛肉等级规格》(NY/T 676—2010)、《牛肉分级》(NY/T 3379—2018) 和《普通肉牛上脑、眼肉、外脊、里脊等级划分》(GB/T 29392—2012)。

1.《牛肉分级》(NY/T 3379—2018)

《牛肉分级》(NY/T 3379—2018) 的评定方法是将牛分割肉分成两个部分，第一部分包括里脊、上脑、眼肉、外脊（表 8-1），第二部分包括辣椒条、胸肉、臀肉、米龙、牛霖、大黄瓜条、小黄瓜条、腹肉、腱子肉。里脊依据质量大小分为 S 级、A 级、B 级、C 级 4 个级别；上脑、眼肉、外脊依据横切面处的大理石纹含量、肉色、脂肪颜色和质量分成 S 级、A 级、B 级、C 级 4 个级别。第二部分依据外观、感官特性分为优质级别和普通级别（表 8-2）。

表 8-1 第一部分分割肉分级方法

品名	级别	质量要求	感官要求
里脊	S 级	≥1.8 kg	无多余筋膜；背面无多余脂肪；里脊头完整无损
	A 级	1.5 kg～1.8 kg	无多余筋膜；背面无多余脂肪；里脊头完整无损
	B 级	1.3 kg～1.5 kg	无多余筋膜；背面无多余脂肪；里脊头完整无损
	C 级	≤1.3 kg	无多余筋膜；背面无多余脂肪；里脊头完整无损
上脑	S 级	≥3.0 kg	脂肪白色或微黄色；肉色为红色；大理石纹极丰富；无碎肉、血污；无多余筋膜、腱膜和肌膜
	A 级	≥3.0 kg	脂肪白色或微黄色；肉色为红色；大理石纹丰富；无碎肉、血污；无多余筋膜、腱膜和肌膜

（续）

品名	级别	质量要求	感官要求
上脑	B级	—	脂肪白色或黄色；肉色为红色；大理石纹一般；无碎肉、血污；无多余筋膜、腱膜和肌膜
	C级	—	大理石纹几乎没有；无碎肉、血污；无多余筋膜、腱膜和肌膜
眼肉	S级	≥3.0kg	脂肪白色或微黄色；肉色为红色；大理石纹极丰富；背面脂肪平整；腹面无碎肉、血污
	A级	≥3.0kg	脂肪白色或微黄色；肉色为红色；大理石纹丰富；背面脂肪平整；腹面无碎肉、血污；无多余筋膜、腱膜和肌膜
	B级	—	脂肪白色或黄色；肉色为红色；大理石纹一般，背面脂肪平整；腹面无碎肉、血污；无多余筋膜、腱膜和肌膜
	C级	—	大理石纹几乎没有；背面脂肪平整；腹面无碎肉、血污；无多余筋膜、腱膜和肌膜
外脊	S级	≥3.5kg	脂肪白色或微黄色；肉色为红色；大理石纹极丰富；背面脂肪平整；腹面无碎肉、血污
	A级	≥3.5kg	脂肪白色或微黄色；肉色为红色；大理石纹丰富；背面脂肪平整；腹面无碎肉、血污
	B级	—	脂肪白色或黄色；肉色为红色；大理石纹一般，背面脂肪平整；腹面无碎肉、血污
	C级	—	大理石纹几乎没有；腹面无碎肉、血污

表8-2　第二部分分割肉分级方法

品名	级别	感官要求
辣椒条	优质	进行精修；无刀伤，无血污，保持肉的自然形状；无筋皮、风干层、血管；肉色为红色，有光泽
	普通	进行粗修；无刀伤，无血污，表面有多余脂肪；有少量筋皮、血管；肉色发暗
胸肉	优质	进行精修；无刀伤，无血污，表面无碎肉、风干层；肉色为红色，有光泽
	普通	进行粗修；无刀伤，无血污，表面存在碎肉、骨渣；肉色发暗
臀肉	优质	进行精修；无刀伤，无血污，保持肉的自然形状；无筋皮、风干层、血管；肉色为红色，有光泽
	普通	进行粗修；无刀伤，无血污，表面有多余脂肪；有少量筋皮、血管；肉色发暗

（续）

品名	级别	感官要求
米龙	优质	进行精修；无刀伤，无血污，保持肉的自然形状；无筋皮、风干层、血管；肉色为红色，有光泽
	普通	进行粗修；无刀伤，无血污，表面有多余脂肪；有少量筋皮、血管；肉色发暗
牛霖	优质	进行精修；无刀伤，无血污，保持肉的自然形状；无筋皮、风干层、血管；肉色为红色，有光泽
	普通	进行粗修；无刀伤，无血污，表面有多余脂肪；有少量筋皮、血管；肉色发暗
大黄瓜条	优质	进行精修；无刀伤，无血污，保持肉的自然形状；无筋皮、风干层、血管；肉色为红色，有光泽
	普通	进行粗修；无刀伤，无血污，表面有多余脂肪；有筋膜，有少量血管、筋皮；肉色发暗
小黄瓜条	优质	进行精修；无刀伤，无血污，保持肉的自然形状；无筋皮、风干层、血管；肉色为红色，有光泽
	普通	进行粗修；无刀伤，无血污，表面有多余脂肪；有少量血管、筋皮；肉色发暗
腹肉	优质	进行精修；无碎肉，无血污，红肉块和脂肪块间隔有序，肉厚为 4 cm 以上；肉色为红色，有光泽；前侧面有大理石花纹
	普通	进行粗修；无刀伤，无血污；有肉沫、软骨，背面有多余脂肪；前侧面大理石纹几乎没有
腱子肉	优质	进行精修；无刀伤，无血污，保持肉的自然形状；无筋皮、风干层、血管；肉色为红色，有光泽
	普通	进行粗修；无刀伤，无血污，表面有多余脂肪；有少量筋皮、血管；肉色发暗

2.《普通肉牛上脑、眼肉、外脊、里脊等级划分》（GB/T 29392—2012）

《普通肉牛上脑、眼肉、外脊、里脊等级划分》（GB/T 29392—2012）中除了重量外，指标划分条件为牛肉经分割暴露于空气中 30 min 后，在 660 lx 光照条件下对截面进行等级划分。

（1）大理石纹等级的划分 大理石纹等级的划分是根据背最长肌横切面处脂肪含量和分布情况，通过目测法和对照大理石纹等级图谱（图 8-1）进行评定。大理石纹等级对应的肌内脂肪含量见表 8-3。

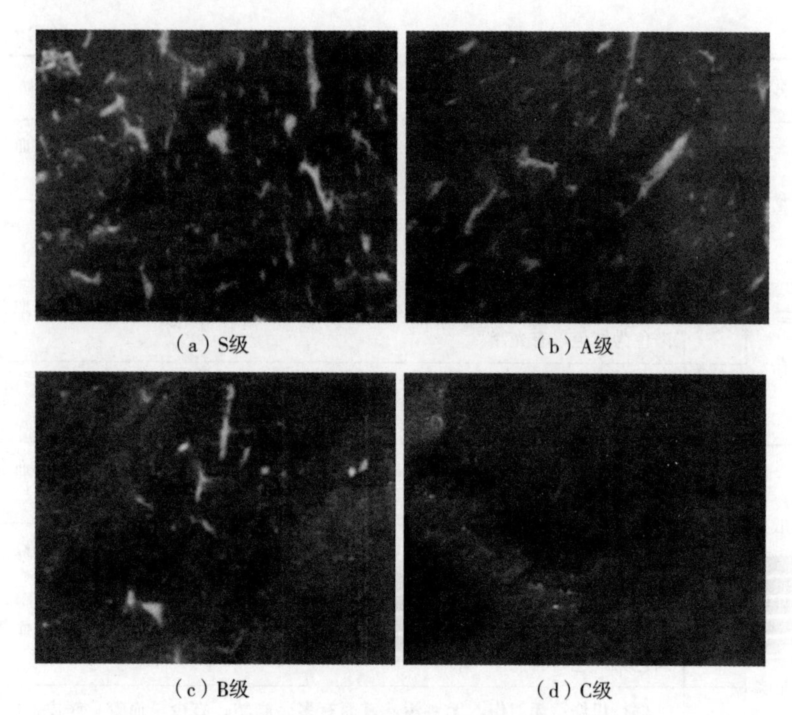

（a）S级　（b）A级　（c）B级　（d）C级

图 8-1　大理石纹等级图谱

表 8-3　大理石纹等级对应的肌内脂肪含量

大理石纹等级	肌内脂肪含量，%
S级	15 以上
A级	10～15
B级	5～10
C级	5 以下

（2）肌肉色等级的划分　肌肉色等级的划分根据背最长肌横切面处肌肉色色泽，通过目测法和对照肌肉色等级图谱（图 8-2）进行评定。

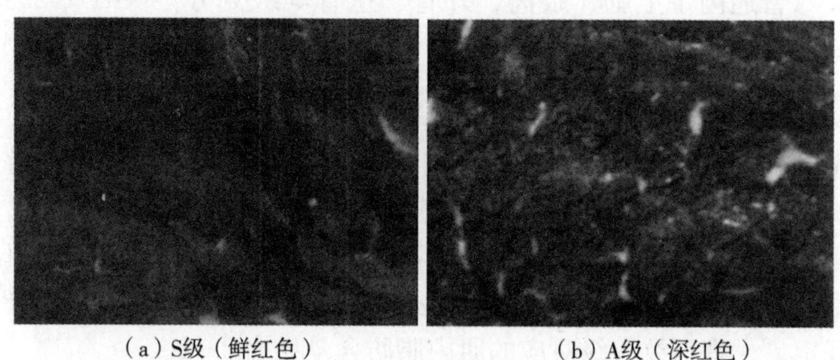

（a）S级（鲜红色）　（b）A级（深红色）

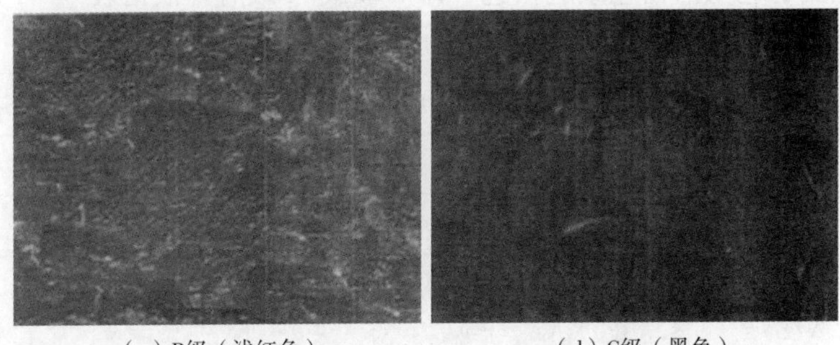

（c）B级（浅红色）　　（d）C级（黑色）

图 8-2　肌肉色等级图谱

（3）脂肪色等级的划分　脂肪色等级的划分是根据背最长肌横切面处肌内脂肪和皮下脂肪色泽，通过目测法和对照脂肪色等级图谱（图 8-3）进行评定。

（a）S级（洁白色）　　（b）A级（乳白色）

（c）B级（浅黄色）　　（d）C级（黄色）

图 8-3　脂肪色等级图谱

（4）分级评定结果　上脑、眼肉和外脊的评定。依据大理石纹、肌肉色、脂肪色、重量 4 个指标将上脑、眼肉、外脊分为 S 级（特级）、A 级（优级）、B 级（良好级）、C 级（普通级）。

当脂肪色为洁白色或乳白色，即S级或A级时，依据表8-4进行划分。

表8-4 脂肪白色时，上脑、眼肉、外脊综合等级

<table>
<tr><td rowspan="2">大理石纹级别</td><td colspan="4">肌肉色级别</td></tr>
<tr><td>S级</td><td>A级</td><td>B级</td><td>C级</td></tr>
<tr><td>S级</td><td colspan="2">S级（特级）</td><td>A级（优级）</td><td>B级（良好级）</td></tr>
<tr><td>A级</td><td colspan="3">A级（优级）</td><td>B级（良好级）</td></tr>
<tr><td>B级</td><td colspan="4">B级（良好级）</td></tr>
<tr><td>C级</td><td colspan="4">C级（普通级）</td></tr>
</table>

当脂肪色为浅黄色、黄色，即B级或C级时，则综合级别下降一个等级，依据表8-5进行划分。

表8-5 脂肪黄色时，上脑、眼肉、外脊综合等级

<table>
<tr><td rowspan="2">大理石纹级别</td><td colspan="4">肌肉色级别</td></tr>
<tr><td>S级</td><td>A级</td><td>B级</td><td>C级</td></tr>
<tr><td>S级</td><td colspan="2">A级（优级）</td><td>B级（良好级）</td><td rowspan="4">C级（普通级）</td></tr>
<tr><td>A级</td><td colspan="3">B级（良好级）</td></tr>
<tr><td>B级</td><td colspan="3" rowspan="2">C级（普通级）</td></tr>
<tr><td>C级</td></tr>
</table>

上脑、眼肉、外脊依据表8-4、表8-5综合评定得到等级为S级（特级）、A级（优级）时，需考查重量要求（表8-6）。不符合重量要求时，降为B级。如综合评定为S级外脊的重量为2.8 kg时，依据重量要求进行降级，最终划分为B级。

表8-6 S级（特级）、A级（优级）上脑、眼肉、外脊重量要求

分割肉名称	重量要求，kg
上脑	3.0以上
眼肉	3.0以上
外脊	3.5以上

里脊的评定。依据重量将里脊分为 S 级、A 级、B 级和 C 级，见表 8-7。

表 8-7　里脊重量要求

等级	重量要求，kg
S 级	1.8 以上
A 级	1.5～1.8
B 级	1.3～1.5
C 级	1.3 以下

二、牛肉分割技术

1. 牛分割相关标准要求

《牛胴体及鲜肉分割》（GB/T 27643—2011）中对牛胴体及鲜肉分割方法进行了规定。

牛宰杀放血后，除去皮、头、蹄、尾、内脏及生殖器（母牛去除乳房）后的躯体部分称为胴体。

将屠宰加工后的整只牛胴体沿脊中线纵向锯（劈）成两片称为二分体，将二分体从第 11～13 肋或第 5～7 肋骨间横截后成为四分体。将四分体进一步分割，共形成 13 块分割肉块（里脊、外脊、眼肉、上脑、辣椒条、胸肉、臀肉、米龙、牛霖、大黄瓜条、小黄瓜条、腹肉和腱子肉）(图 8-4、图 8-5、表 8-8 至表 8-10)。

里脊也叫牛柳，即腰大肌。分割时，先剥去肾周脂肪，然后沿耻骨前下方把里脊剔出，再由里脊头向里脊尾，逐个剥离腰椎横突，取下完整的里脊。里脊分粗修里脊（修去里脊表层附带的脂肪，不修去侧边）和精修里脊（修去里脊表层附带的脂肪，同时修去侧边）。

外脊也叫西冷，主要是背最长肌。分割时，沿最后腰椎切下，沿背最长肌腹壁侧（离背最长肌 5 cm～8 cm）切下，在第 12～13 胸肋处切断胸椎，逐个把胸椎、腰椎剥离。

眼肉是取自牛胴体第 6 胸椎到第 12～13 胸椎间的净肉。前端与上脑相连，后端与外脊相连，主要包括背阔肌、背最长肌、肋间肌等。分割时，先剥离胸椎，去除筋腱，在背最长肌腹侧距 8 cm～10 cm 处切下。

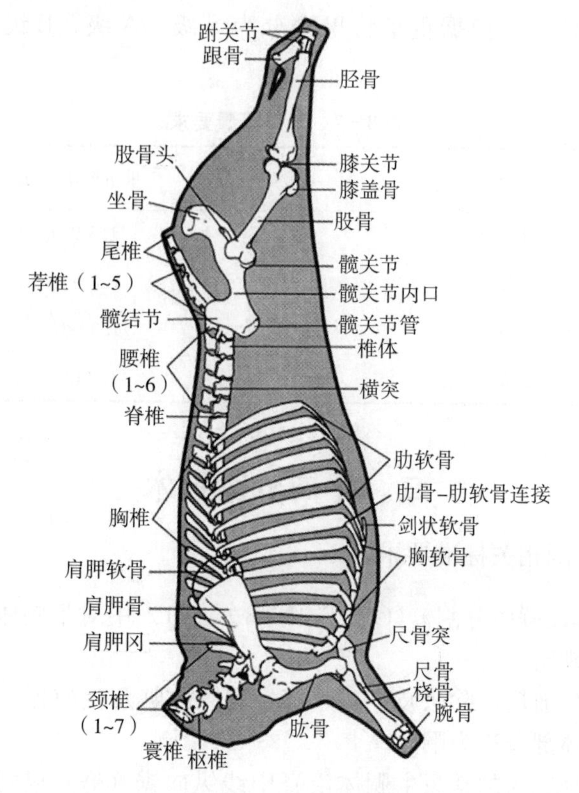

图 8-4　牛半胴体结构

资料来源：GB/T 27643—2011 附录 A。

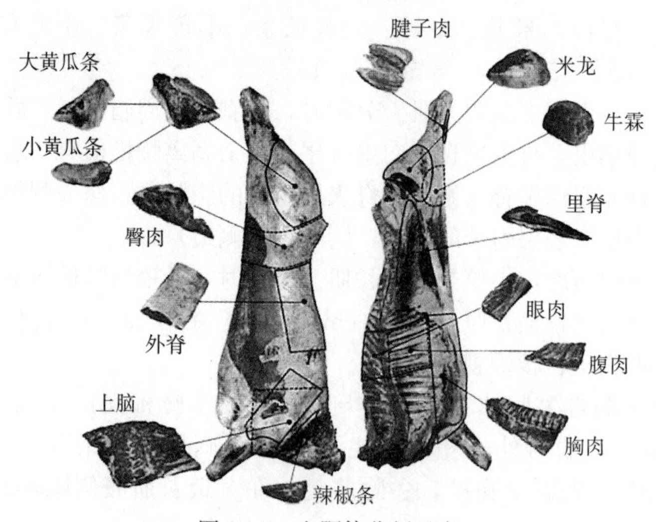

图 8-5　牛胴体分割示意

资料来源：GB/T 27643—2011 附录 B。

表8-8 牛胴体分割肉块名称对照

商品名	英文名	别名
里脊	tenderloin	牛柳、菲力
外脊	striploin	西冷
眼肉	ribeye	莎朗
上脑	high rib	—
辣椒条	chuck tender	辣椒肉、嫩肩肉、小里脊
胸肉	brisket	胸口肉、前胸肉
臀肉	rump	臀腰肉、尾扒、尾龙扒
米龙	topside	针扒
牛霖	knuckle	膝圆、霖肉、和尚头、牛林
大黄瓜条	outside flat	烩扒
小黄瓜条	eyeround	鲤鱼管、小条
腹肉	thin flank	肋腹肉、肋排、肋条肉
腱子肉	shin/shank	牛展、金钱展、小腿

资料来源：GB/T 27643—2011附录B。

表8-9 胴体分割示意

序号	名称	分割示意图	真实图片
1	二分体		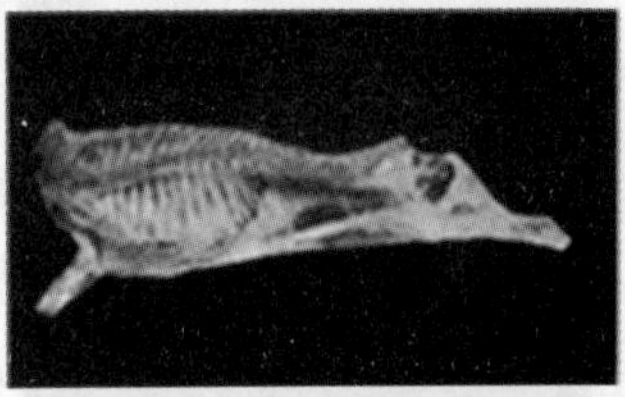
2	普通四分体	 	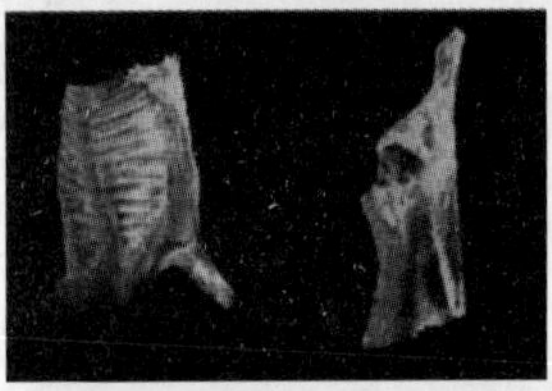 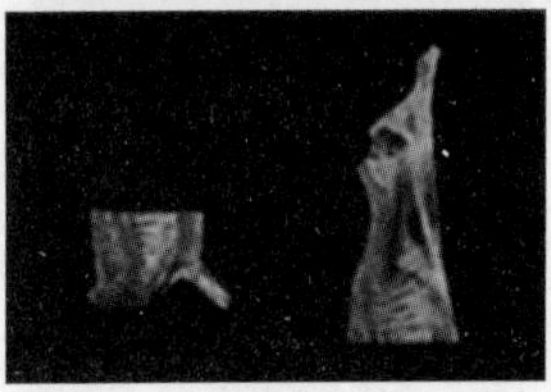

（续）

序号	名称	分割示意图	真实图片
3	枪形前、后四分体	 	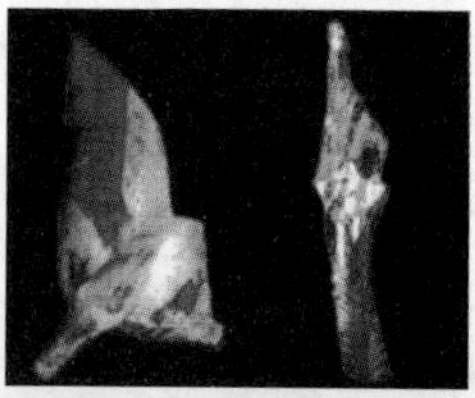 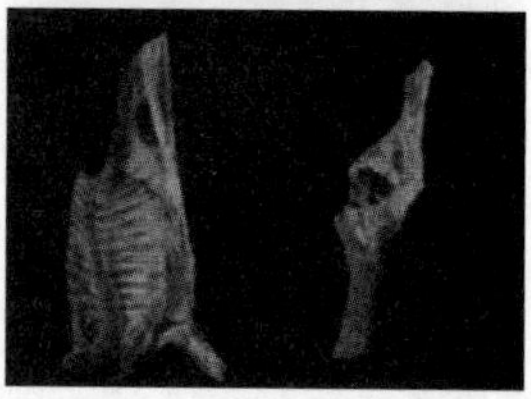

表 8-10　鲜肉分割示意

序号	名称	分割示意图	真实图片
1	里脊		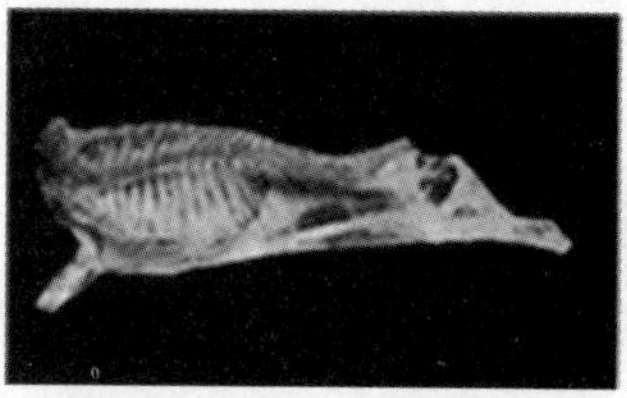
2	粗修里脊		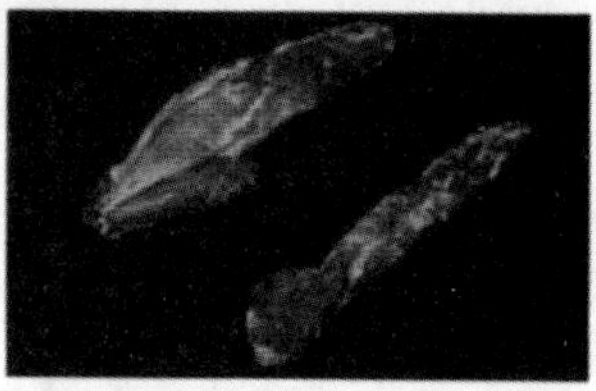
3	精修里脊		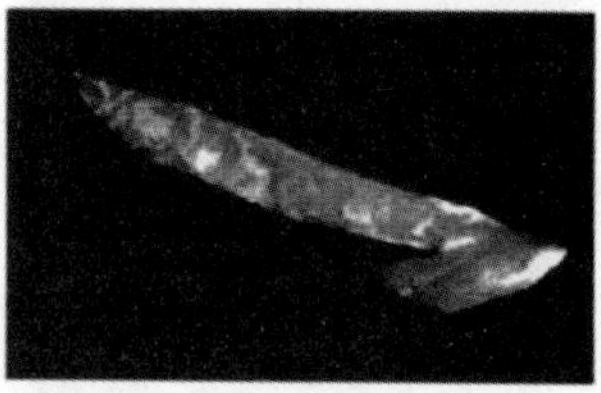

（续）

序号	名称	分割示意图	真实图片
4	外脊		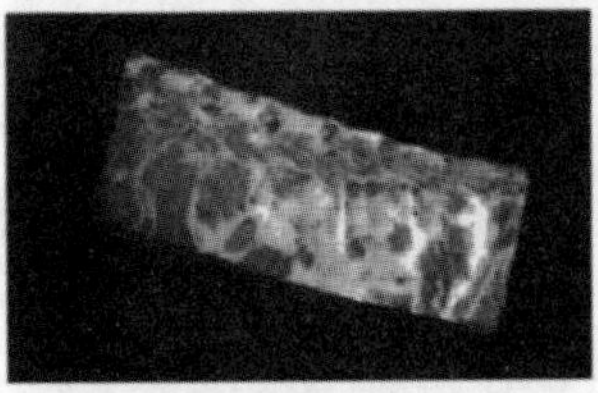
5	眼肉		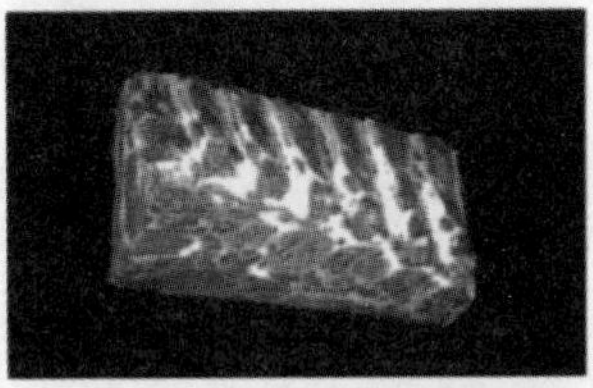
6	带骨眼肉		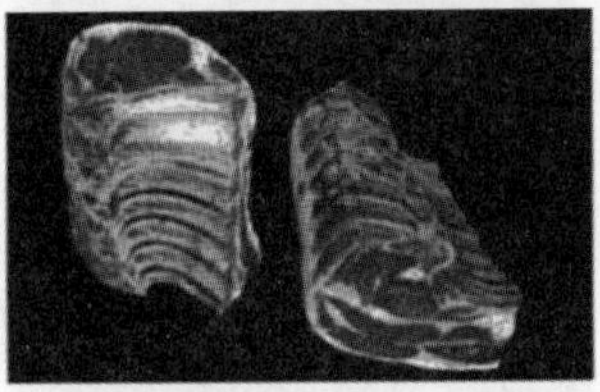
7	上脑		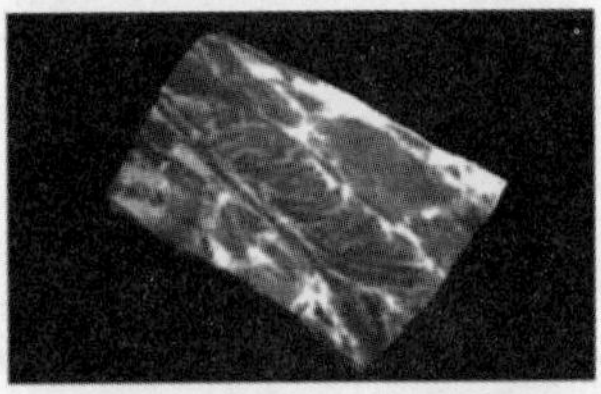
8	胸肉		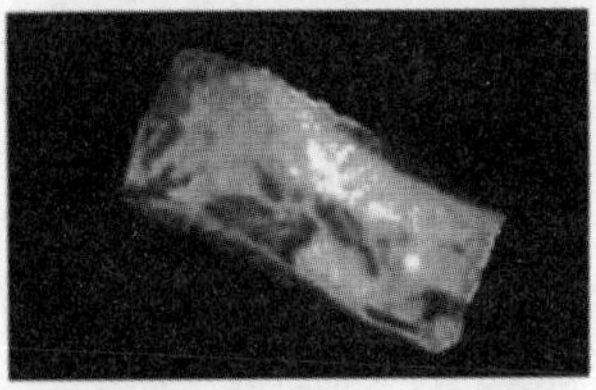
9	辣椒条		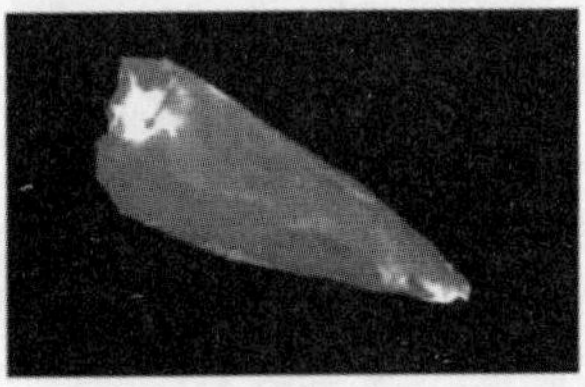

（续）

序号	名称	分割示意图	真实图片
10	臀肉		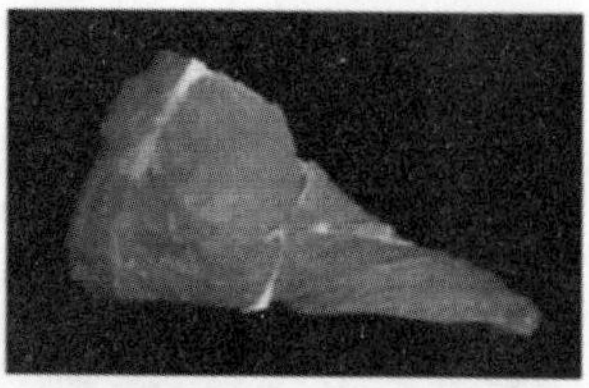
11	米龙		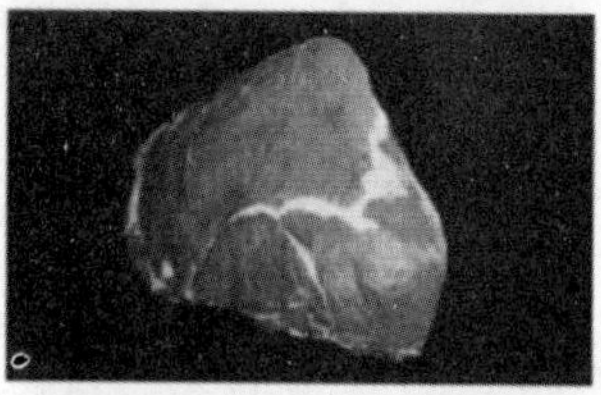
12	牛霖		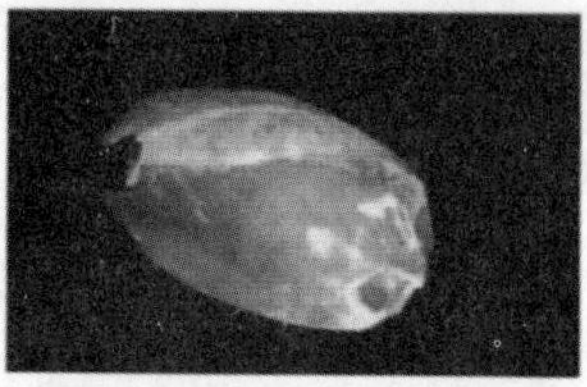
13	小黄瓜条		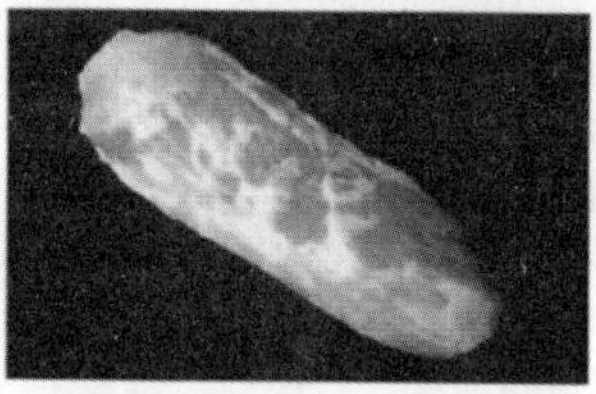
14	大黄瓜条		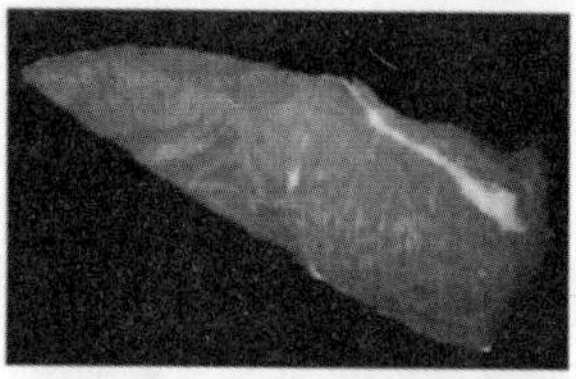
15	腹肉		

（续）

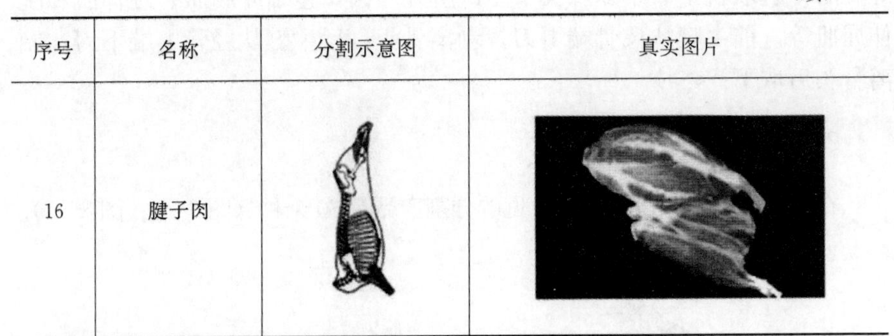

序号	名称	分割示意图	真实图片
16	腱子肉		

资料来源：GB/T 27643—2011 附录E。

上脑主要包括背最长肌、斜方肌等。其后端在第5～6胸椎处，与眼肉相连，前端在最后颈椎后缘。分割时，剥离胸椎，去除筋腱，在背最长肌腹侧距离6 cm～8 cm处切下。

辣椒条位于肩胛骨外侧，是从肱骨与肩胛骨结节处紧贴冈上窝取出的形如辣椒状的净肉，主要为冈上肌。

胸肉主要包括胸升肌和胸横肌等。在剑状软骨处，随胸肉的自然走向剥离，修去部分脂肪即成一块完整的胸肉。

臀肉主要包括臀中肌、臀深肌、股阔筋膜张肌等，是位于后腿外侧靠近股骨一端、沿着臀股四头肌边缘取下的净肉。

米龙位于后腿外侧，主要包括半膜肌、股薄肌等，是沿股骨内侧从臀股二头肌与臀股四头肌边缘取下的净肉。

牛霖位于股骨前面及两侧，被阔筋膜张肌覆盖，主要是臀骨四头肌。当米龙和臀肉取下后，能见到长圆形肉块，沿自然肉缝分割，得到一块完整的净肉。

大黄瓜条位于后腿外侧，沿半腱肌股骨边缘取下的长而宽大的净肉，主要是臀股二头肌。大黄瓜条与小黄瓜条紧紧相连，剥离小黄瓜条后，大黄瓜条就完全暴露，顺着肉缝自然走向剥离，便可得到一块完整的四方形肉块。

小黄瓜条位于臀部，沿臀股二头肌边缘取下的形如管状的净肉，主要是半腱肌。当牛后腱子取下后，小黄瓜条处于最明显的位置。分割时，可按小黄瓜条的自然走向剥离。

腹肉位于腹部，主要包括肋间内肌、肋间外肌和腹外斜肌等。腹肉分无骨肋排和带骨肋排。一般包括4根～7根肋骨。

腱子肉分为前、后两部分，牛前腱取自牛前小腿肘关节至腕关节外净肉，包括腕桡侧伸肌、指总伸肌、指内侧伸肌、指外侧伸肌和腕尺侧伸肌等。后牛腱取自牛后小腿膝关节至跟腱外净肉，包括腓肠肌、趾伸肌和趾伸屈肌等。前牛腱从尺骨端下刀，剥离骨头；后牛腱从胫骨上端下刀，剥离骨头后取下。

2. 牛分割实际操作

在牛分割的实际操作中，常见的分割产品有30余种（图8-6、图8-7）。

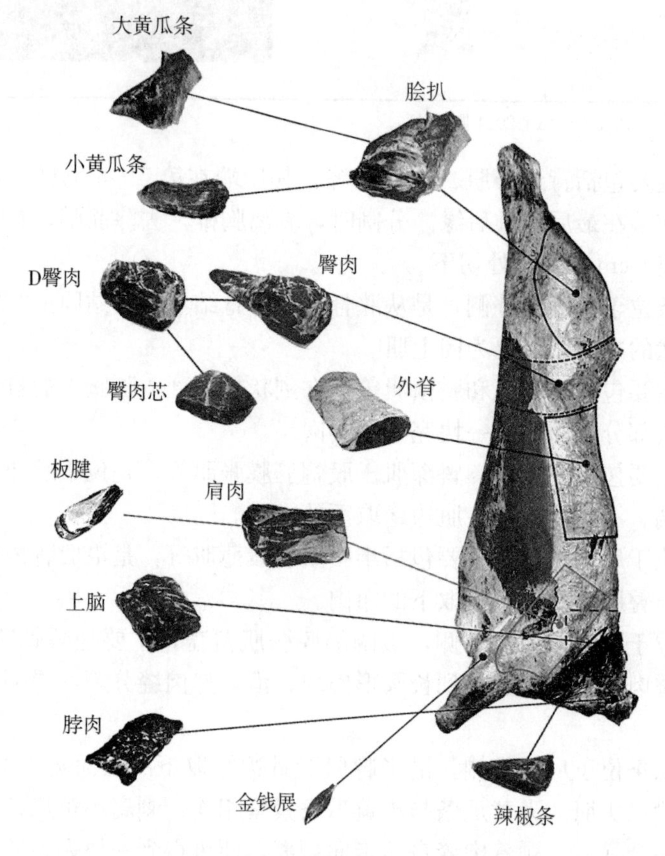

图8-6　牛分割主要部位示意（外侧）

（1）脖肉　脖肉又称颈肉，华中地区也有称之为牛胸。位于牛颈部，包括第1颈椎至第6颈椎。脖肉分割标准是沿第1颈椎至第6颈椎切开，剔去颈椎后的净肉，主要由胸头肌、臂头肌、胸骨甲状舌骨肌、肩胛舌骨肌、肩胛横突肌等肌肉组成。产品特点是肉质较粗，用作食品加工厂熟食原料，餐饮业也可作为牛肉面原料。

（2）肩肉　肩肉又称保乐肩肉。位于牛肩部，肩胛骨和肱骨部位的肌肉。分割标准是在靠近肱骨分割而出，主要由臂二头肌、臂三头肌、臂

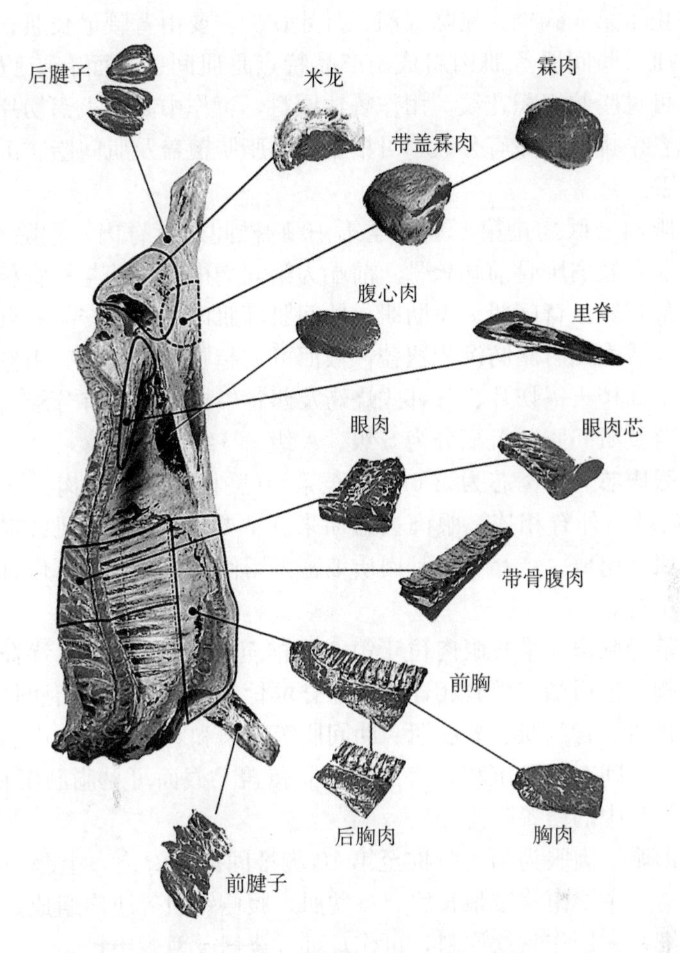

图 8-7　牛分割主要部位示意（内侧）

肌、前臂筋膜张肌等肌肉组成。产品特点是肌间无脂肪沉积、筋多。用途包括食品加工厂熟食原料，餐饮业也可作为酱卤原料、烤牛肉。

(3) 板腱　板腱又称牡蛎肩肉，北方地区也有称之为鞋底肉，南方地区也有称之为三筋。位于肩胛骨外侧，沿肩胛外侧骨膜分割而出，主要由冈下肌、三角肌等肌肉组成。产品特点是截面有脂肪沉积花纹。用作餐饮原料，可作低档牛排、火锅切片及烤肉切片。

(4) 辣椒条　辣椒条又称肩胛里脊、牛前柳。位于肩胛骨前部，在肩胛骨外侧，从肱骨头与肩胛骨结合处分割出的肌肉，形似辣椒，主要由冈上肌等肌肉组成。产品特点是肌间无脂肪沉积，肉质细嫩。用作餐饮原料，可作牛肉刺身（生吃）、豆捞火锅。

(5) 上脑　上脑位于第 7 颈椎至第 5 胸椎的胸背部。前端始于第 7 颈椎，后端止于第5胸椎，剔除板筋、月牙骨。主要由背腰最长肌、颈最长肌、斜方肌、肋间肌等肌肉组成。产品特点是肌间、表面有脂肪沉积覆盖，截面可见脂肪沉积花纹。用作餐饮原料，可作中高档火锅切片、日式烧烤及西餐牛排。产品有分级，可根据表面脂肪覆盖及肌间脂肪沉积分为A级、B级。

（6）眼肉 眼肉是第6胸椎至第10胸椎间的背脊肉，剔除脊椎骨、羽状骨、肋骨及肩胛骨前端软骨。前端为第6胸椎，后端与外脊相连。主要由背腰最长肌、背阔肌、髂肋肌、肋间肌等肌肉组成。产品特点是肉质细密，肌间、表面有脂肪沉积覆盖，截面可见脂肪沉积花纹。用作餐饮原料，可作中高档火锅切片、日韩式烧烤及西餐牛排。产品有分级，根据表面脂肪覆盖及肌间脂肪沉积分为S级、A级、B级。

（7）眼肉芯 眼肉芯为第6胸椎至第10胸椎间的背脊肉。前端为第6胸椎，后端与外脊相连，眼肉去盖而来。主要由背腰最长肌、背阔肌、肋间肌等肌肉组成。产品特点是肉质细密。用作餐饮原料，可作日韩式烧烤及西餐牛排。

（8）带骨眼肉 带骨眼肉位于第6胸椎至第10胸椎间的背脊部。前端为第6胸椎，后端与外脊相连，剔除脊椎骨、羽状骨，保留肋骨。主要由背腰最长肌、背阔肌、髂肋肌、肋间肌等肌肉和肋骨组成。产品特点是肉质细密，肌间有脂肪沉积，表面有脂肪覆盖，截面可见脂肪沉积花纹。用作餐饮原料中的西餐牛排。

（9）肉眼 肉眼为第1胸椎至第10胸椎间的背脊肉，上脑与眼肉的连体，去盖。主要由背腰最长肌、髂肋肌、腹侧锯肌等肌肉组成。产品特点是肉质细密。用作餐饮原料，可作日韩式烧烤及西餐牛排。

（10）外脊 外脊又名西冷，为第11胸椎至第6腰椎间的腰脊肉，在第11胸椎处和第6腰椎部切下，去掉脊椎骨、羽状骨、肋骨。主要由腰背最长肌等肌肉组成。产品特点是肉质细密，肌间、表面有脂肪沉积、覆盖，截面可见脂肪沉积花纹。用作餐饮原料、中高档火锅切片、巴西烤肉、韩式烧烤及西餐牛排。产品有分级，根据表面脂肪覆盖及肌间脂肪沉积分为S级、A级、B级。

（11）F外脊 F外脊又名F西冷，为第11胸椎至第6腰椎间的腰脊肉，在第11胸椎处和第6腰椎部切下，去掉脊椎骨、羽状骨、肋骨和侧唇，修去所有可见脂肪、筋腱和肌膜。主要由背腰最长肌等肌肉组成。产品特点是肉质细密，表面无脂肪覆盖。用作餐饮原料，可作牛肉刺身（生吃）、豆捞火锅。

（12）T骨扒 T骨扒又名丁骨，位于第2腰椎至第6腰椎的腰脊部，

自第 2 腰椎锯开，直至荐椎，带骨修整，去侧边。主要由背腰最长肌、髂肋肌、腰大肌和腰小肌等肌肉组成。产品用途用作餐饮原料，可作高档西餐牛排。产品可分级，根据表面脂肪覆盖及肌间脂肪沉积分为 S 级、A 级、B 级。

（13）里脊　里脊又称牛柳，为腰椎下方的肌肉，沿腰内侧耻骨的前下方，顺腰椎分割而出。主要由腰大肌和髂腰肌等肌肉组成。产品特点是肉质细嫩，无脂肪沉积。产品用途用作餐饮原料，可作牛肉刺身（生吃）及高档西餐牛排。产品有分级，根据产品重量分为 S 级、A 级、B 级。

（14）胸腩连体　胸腩连体位于胸腹部，为第 1 肋至第 13 肋的腹肉和牛腩。主要由腹外斜肌、腹内斜肌、腹横肌、肋间内肌、肋间外肌、腹直肌等肌肉组成。产品特点是肉质较松散，表面有不均匀脂肪层覆盖。可作为食品加工厂原料以及终端鲜品销售（售卖现场分割）。

（15）带骨腹肉　带骨腹肉又称牛小排、牛仔骨。位于胸腹部，第 2 肋至第 5 肋。沿第 2 肋至第 5 肋骨靠近脊椎骨处锯开，保留肋骨长 20 cm～25 cm，主要由肋间内肌、肋间外肌、腹外斜肌等肌肉组成。产品特点是肌间有脂肪层、筋膜层，表面有不均匀脂肪覆盖。用作餐饮原料、火锅切片、韩式牛排火锅、韩式烤肉及西餐牛排。产品有分级，根据表面脂肪覆盖及肌间脂肪沉积分为 A 级、B 级。

（16）美式牛排　美式牛排位于肋脊部，第 6 肋至第 10 肋骨。沿第 6 肋至第 10 肋骨靠近脊椎骨处锯开，保留肋骨宽 10 cm，主要由肋间内肌和肋骨组成。用作餐饮原料，可作日韩式烤肉以及西餐牛排，也可作为终端零售产品（冷冻包装）。

（17）胸肉　胸肉位于胸腹部的胸侧壁下部和底部，沿着胸骨直至剑状软骨分割而出，主要由胸浅肌、胸深肌、肋间内肌、肋间外肌等肌肉组成。用作餐饮原料，可作日韩式烤肉，个别地区用作牛肉干原料。

（18）胸口　胸口位于胸腹部的胸侧壁下部和底部，主要由肋间内肌和肋间外肌等组成。主要用作餐饮原料，可作韩式烤肉以及中餐菜系。

（19）带盖肋排　带盖肋排位于胸腹部第 1 肋至第 13 肋带肋骨部分。主要由胸侧壁和硬腹壁的肋间内肌、肋间外肌和腹外斜肌等肌肉组成。可作中餐菜系，也可作零售小包装（冷冻）。

（20）去骨腹肉　去骨腹肉位于胸腹部，第 1 肋至第 13 肋去掉肋骨部分。主要由胸侧壁和硬腹壁的肋间内肌、肋间外肌和腹外斜肌等肌肉组成。产品用作食品加工厂熟食原料以及终端鲜品销售（售卖现场分割）。

（21）牛腩　牛腩位于腹部软腹壁，从股四头肌前缘沿着背最长肌边缘至第 13 肋骨处分割而出，修去云皮肉、内群肉、牛腩皮。主要由腹直肌、腹横肌、腹外内肌、腹外斜肌等肌肉组成。产品特点是肉质较松散，表面有不均匀脂肪层覆盖，肌间筋膜密集。可作为食品加工厂原料以及终端鲜品销售（售卖现场分割）。

（22）臀肉 臀肉又称尾龙扒。位于牛后腿外侧靠近股骨一端，沿臀股四头肌边缘分割而出。主要由臀中肌、臀深肌、股阔筋膜张肌等肌肉组成。产品特点是肉质较粗、纤维均匀。可用作食品加工厂熟食主要原料，也可用于制作牛肉干。

（23）臀肉芯 臀肉芯位于牛后腿外侧靠近股骨一端，主要由臀深肌等肌肉组成。可用作食品加工厂熟食主要原料。

（24）臀尾 臀尾位于牛后腿外侧靠近股骨一端，主要由臀中肌等肌肉组成。可用作食品加工厂熟食主要原料。

（25）三角肉 三角肉位于牛后腿外侧靠近股骨一端，从臀肉中分割而出。主要由阔筋膜肌等肌肉组成。产品特点是肉质较粗、纤维均匀。可用作食品加工厂熟食主要原料，也可作为餐饮原料，如巴西烤肉。

（26）霖肉 霖肉又称和尚头，位于牛后腿股骨前和内外两侧，沿着股骨直至膝盖骨分割而出。主要由股四头肌等肌肉组成。产品特点是肉质较粗、纤维均匀。用作食品加工厂熟食主要原料，也可用于制作牛肉干。

（27）米龙 米龙又称针扒，北方部分地区又称指盖。位于牛后腿股内侧，沿股骨内侧从臀骨二头肌与股四头肌边缘分割而出。主要由股薄肌、内收肌、半膜肌、耻骨肌和缝匠肌等肌肉组成。产品特点是肉质较粗、纤维均匀。可用作牛肉干产品的主要原料，也可用于其他熟食加工。

（28）脍扒 脍扒又称黄瓜条。位于牛后腿外侧，沿半腱肌股骨边缘分割而出。主要由臀股二头肌、半腱肌等肌肉组成。产品特点是肉质较粗、纤维均匀。产品用作牛肉干产品的主要原料，也可用于其他熟食加工。

（29）大黄瓜条 北方部分地区又称底板。位于牛后腿股外侧，沿半腱肌股骨边缘分割而出，肉块长而宽大。主要由臀骨二头肌等肌肉组成。产品特点肉质较粗、纤维均匀。产品用作牛肉干产品的主要原料，也可用于其他熟食加工。

（30）小黄瓜条 小黄瓜条又称鲤鱼管，北方部分地区又称白板。位于牛臀部，沿臀骨二头肌边缘分割而出，肉块形如管状。主要由半腱肌等肌肉组成。产品特点是肉质均匀。产品用作牛肉干产品的主要原料，也可用作餐饮原料、豆捞火锅、牛肉刺身（生吃）以及西餐牛扒切片。

（31）前腱子 前腱子又称前牛展，位于牛前小腿部，沿肱骨与桡骨结节处剔去桡骨、尺骨分割而出。主要由腕桡侧伸肌、腕尺侧伸肌、腕桡

侧屈肌、腕尺侧屈肌等肌肉组成。产品特点是肉质纤维较粗，肌间含有大量筋膜，表面有筋膜覆盖。可用作食品加工厂熟食主要原料（酱牛肉）。

(32) 后腱子　后腱子又称后牛展，位于牛后小腿部，沿胫骨与股骨结节处剔去胫骨分割而出。主要由腓骨长肌、腓肠肌、趾浅屈肌等肌肉组成。产品特点是肉质纤维较粗，肌间含有大量筋膜，表面有筋膜覆盖。可用作食品加工厂熟食主要原料（酱牛肉）。

(33) 带骨腱子　带骨腱子位于牛后小腿部，主要由腓骨长肌、腓肠肌、趾浅屈肌等肌肉和胫骨组成。产品特点是肉质纤维较粗，肌间含有大量筋膜，表面有筋膜覆盖。主要用作餐饮原料，如西餐牛排。

(34) 金钱展　金钱展又称金钱腱、金钱肉，位于臀骨背侧，主要由臂二头肌等肌肉组成。产品特点是肉质纤维较粗，肌间含有大量筋膜，表面有筋膜覆盖。主要用作餐饮原料、豆捞火锅，也可用作食品加工厂原料。

附录 1

畜禽屠宰操作规程　牛

1　范围

本标准规定了牛屠宰的术语和定义、宰前要求、屠宰操作程序及要求、包装、标签、标志和储存以及其他要求。

本标准适用于牛屠宰厂（场）的屠宰操作。

2　规范性引用文件

下列文件对于本文件的应用是必不可少的。凡是注日期的引用文件，仅所注日期的版本适用于本文件。凡是不注日期的引用文件，其最新版本（包括所有的修改单）适用于本文件。

GB/T 191　包装储运图示标志

GB 12694　食品安全国家标准　畜禽屠宰加工卫生规范

GB/T 17238　鲜、冻分割牛肉

GB 18393　牛羊屠宰产品品质检验规程

GB/T 19480　肉与肉制品术语

GB/T 27643　牛胴体及鲜肉分割

NY/T 676　牛肉等级规格

牛屠宰检疫规程（农医发〔2010〕27 号　附件 3）

病死及病害动物无害化处理技术规范（农医发〔2017〕25 号）

3　术语和定义

GB/T 19480 界定的以及下列术语和定义适用于本文件。

3.1

牛屠体　cattle body

牛宰杀放血后的躯体。

3.2

牛胴体二分体　half carcass

将牛胴体沿脊椎中线纵向锯（劈）成的两半胴体。

3.3

同步检验　synchronous inspection

与屠宰操作相对应，将畜禽的头、蹄（爪）、内脏与胴体生产线同步运行，由检验人员对照检验和综合判断的一种检验方法。

4　宰前要求

4.1　待宰牛应健康良好，并附有产地动物卫生监督机构出具的《动物检疫合格证明》。

4.2　牛进厂（场）后，应充分休息 12 h～24 h，宰前 3 h 停止喂水。待宰时间超过 24 h 的，宜适量喂食。

4.3　屠宰前应向所在地动物卫生监督机构申报检疫，按照《牛屠宰检疫规程》和 GB 18393 等进行检疫和检验，合格后方可屠宰。

4.4　屠宰前宜使用温水清洗牛体，牛体表应无污物。

4.5　应按“先入栏先屠宰”的原则分栏送宰，送宰牛通过屠宰通道时，应进行编号，按顺序赶送，不应采用硬器击打。

5　屠宰操作程序及要求

5.1　致昏

5.1.1　致昏方法

应采用气动致昏或电致昏：

a）气动致昏：用气动致昏装置对准牛的两角与两眼对角线交叉点，快速启动，使牛昏迷；

b）电致昏：用单杆式电昏器击牛体，使牛昏迷。参数宜为：电压不超过 200 V，电流 1 A～1.5 A，作用时间 7 s～30 s。

5.1.2　致昏要求

5.1.2.1　应配置牛固定装置，保证致昏击中部位准确。

5.1.2.2　牛致昏后应心脏跳动，呈昏迷状态，不应致死或反复致昏。

5.2　宰杀放血

5.2.1　可选择卧式或立式放血。从牛喉部下刀，横向切断食管、气管和血管。

5.2.2　放血刀应经不低于 82℃的热水一头一消毒，刀具消毒后轮换使用。

5.2.3　沥血时间应不少于 6 min。

5.2.4　从致昏到宰杀放血时间应不超过 1.5 min。

5.3 挂牛

用扣脚链扣紧牛的一只后小腿，启动提升机匀速提升，然后悬挂到轨道上。

5.4 电刺激

5.4.1 在沥血过程中，宜对牛头或颈背部进行电刺激。

5.4.2 电刺激时，应确保牛屠体与电刺激装置的电极有效连接，电刺激工作电压宜42 V，作用时间宜不少于15 s。

5.5 去前蹄

从腕关节下刀，割断连接关节的韧带及皮肉，割下前蹄，编号后放入指定容器中。

5.6 结扎食管

5.6.1 剥离气管和食管，宜将气管与食管分离至食道和胃结合处。

5.6.2 将食管顶部结扎牢固，使内容物不致流出。

5.7 剥后腿皮

5.7.1 从跗关节下刀，刀刃沿后腿内侧中线向上挑开牛皮。

5.7.2 沿后腿内侧线向左右两侧剥离跗关节上方至尾根部的牛皮，同时割除生殖器。

5.7.3 割掉尾尖，并放入指定容器中。

5.8 去后蹄

从跗关节下刀，割断连接关节的韧带及皮肉，割下后蹄，编号后放入指定容器中。

5.9 转挂

用提升装置辅助牛屠体转挂，先用一个滑轮吊钩钩住牛的一只后腿将牛屠体送到轨道上，再用另一个滑轮吊钩钩住牛的另一只后腿送到轨道上。

5.10 结扎肛门

5.10.1 人工结扎

5.10.1.1 将橡皮筋套在操作者手臂上，将塑料袋反套在同一手臂上，抓住肛门并提起。另一只手持刀将肛门沿四周割开并剥离，边割边提升，提高约10 cm。

5.10.1.2 将塑料袋翻转套住肛门，用橡皮筋扎住塑料袋，将结扎好的肛门塞回。

5.10.2 机械结扎

采用专用结扎器结扎肛门。

5.10.3　结扎要求

结扎应准确、牢固，不应使粪便溢出。

5.11　剥胸、腹部皮

5.11.1　用刀将腹部皮沿胸腹中线从胸部挑到裆部。

5.11.2　沿腹中线向左右两侧剥开胸腹部皮至肷窝止。

5.12　剥颈部及前腿皮

5.12.1　从腕关节下刀，沿前腿内侧中线挑开牛皮至胸中线。

5.12.2　沿颈中线自下而上挑开牛皮。

5.12.3　从胸颈中线向两侧进刀，剥开胸颈部皮及前腿皮至两肩止。

5.13　扯皮

5.13.1　分别锁紧两后腿皮，使毛皮面朝外，启动扯皮设备，将牛皮卷扯分离胴体。

5.13.2　扯到尾部时，减慢速度，用刀将牛尾的根部剥开。

5.13.3　在扯皮过程中，边扯边用刀具辅助分离皮与脂肪、皮与肉的粘连处。

5.13.4　扯到腰部时，适当提高速度。

5.13.5　扯到头部时，把不易扯开的地方用刀剥开。

5.13.6　分离后皮上不带脂肪、不带肉，皮张不破损。

5.13.7　对扯下的牛皮编号，并放到指定地方。

5.14　去头

去头工序也可以在5.13前进行，操作如下：

a）将牛头从颈椎第一关节前割下，将喉头附近的甲状腺摘除，放入专用收集容器中。

b）应将取下的牛头，挂到同步检验挂钩上或专用检验盘中。

c）采用剪头设备去头时，应设置82℃热水消毒装置，一头一消毒。

5.15　开胸

从胸软骨处下刀，沿胸中线向下贴着气管和食管边缘，割开胸腔及脖部。用开胸锯开胸时，下锯应准确、不破坏胸腔内脏器。

5.16　取白脏

5.16.1　在牛的裆部下刀向两侧进刀，割开肉与骨连接处。

5.16.2　刀尖向外，刀刃向下，由上至下推刀割开肚皮至胸软骨处。

5.16.3　用一只手扯出直肠，另一只手持刀伸入腹腔，从一侧到另一侧割离腹腔内结缔组织。

5.16.4　用力按下牛胃，取出胃肠送入同步检验盘中，然后扒净腰油。

5.16.5　母牛应在取白脏前摘除乳房。

5.17 取红脏

5.17.1 一只手抓住腹肌一边，另一只手持刀沿体腔壁从一侧割到另一侧分离横膈肌。取出心、肺、肝等挂到同步检验挂钩上或专用检验盘中。

5.17.2 冲洗胸腹腔。

5.18 检验检疫

同步检验按照 GB 18393 要求执行；同步检疫按照《牛屠宰检疫规程》要求执行。

5.19 去尾

沿尾根关节处割下牛尾，摘除公牛生殖器，编号后放入指定容器中。

5.20 劈半

5.20.1 将劈半锯插入牛的两后腿之间，从耻骨连接处自上而下匀速地沿着牛的脊柱中线将牛胴体锯（劈）成胴体二分体。

5.20.2 锯（劈）过程中应不断喷淋清水。不宜劈斜、劈偏，锯（劈）断面应整齐，避免损坏牛胴体。

5.21 胴体修整

5.21.1 取出脊髓、内腔残留脂肪放入指定容器中。

5.21.2 修去胴体表面的淤血、残留甲状腺、肾上腺、病变淋巴结、污物和浮毛等，应保持肌膜和胴体的完整。

5.22 计量与质量分级

用称量器具称量胴体的重量。根据需要按照 NY/T 676 进行分级。

5.23 清洗

由上而下冲洗整个牛胴体内外、锯（劈）断面和刀口处。

5.24 副产品整理

5.24.1 副产品整理过程中，不应落地加工。

5.24.2 去除污物、清洗干净。

5.24.3 红脏与白脏、头、蹄等应严格分开，避免交叉污染。

5.25 预冷

5.25.1 按顺序推入牛胴体，胴体应排列整齐、间距应不少于 10 cm。

5.25.2 入预冷间后，胴体预冷间设定温度 0℃～4℃，相对湿度保持在 85％～90％，预冷时间应不少于 24 h。

5.25.3 入预冷间后，副产品预冷间设定温度 3℃以下。

5.25.4 预冷后，胴体中心温度达到 7℃以下，副产品温度达到 3℃以下。

5.26 分割

分割加工按 GB/T 17238、GB/T 27643 等要求进行。

5.27　冻结

冻结间温度为－28℃以下。待产品中心温度降至－15℃以下转入冷藏间储存。

6　包装、标签、标志和储存

6.1　产品包装、标签、标志应符合 GB/T 191、GB 12694 等相关标准要求。

6.2　储存环境与设施、库温和储存时间应符合 GB 12694、GB/T 17238 等相关标准要求。

7　其他要求

7.1　屠宰供应少数民族食用的牛产品，应尊重少数民族风俗习惯，按照国家有关规定执行。

7.2　经检验检疫不合格的肉品及副产品，应按 GB 12694 的要求和《病死及病害动物无害化处理技术规范》的规定执行。

7.3　产品追溯与召回应符合 GB 12694 的要求。

7.4　记录和文件应符合 GB 12694 的要求。

附录 2

牛屠宰工艺流程图

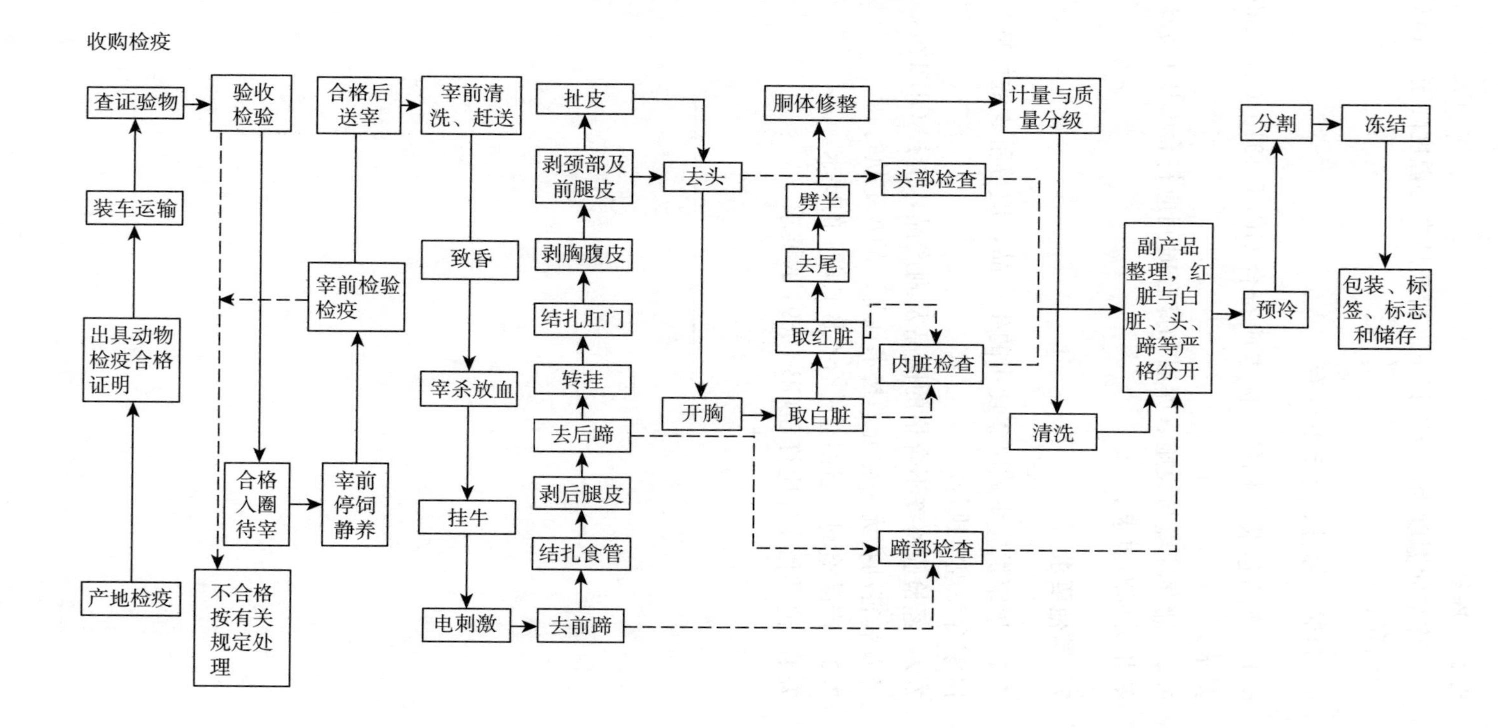

主要参考文献

董常生，2015. 家畜解剖学［M］. 第五版. 北京：中国农业出版社.

高海元，2016. 牛羊定点屠宰检疫存在的问题及探索［J］. 中国畜牧兽医文摘，32（6）：17.

李菲，刘世义，赵强国，等，1999. 简论牛的宰前检疫及处理方法［J］. 河南畜牧兽医（10）：38－39.

刘可仁，葛爱民，刘新勃，等，2019. 屠宰加工过程中卫生消毒方法要点简析［J］. 肉类工业（3）：46－48、55.

罗欣，2013. 冷却牛肉加工技术［M］. 北京：中国农业出版社.

滕可导，2005. 家畜解剖学与组织胚胎学［M］. 北京：高等教育出版社.

杨华建，2013. 畜禽屠宰分割加工机械设备［M］. 北京：中国农业出版社.

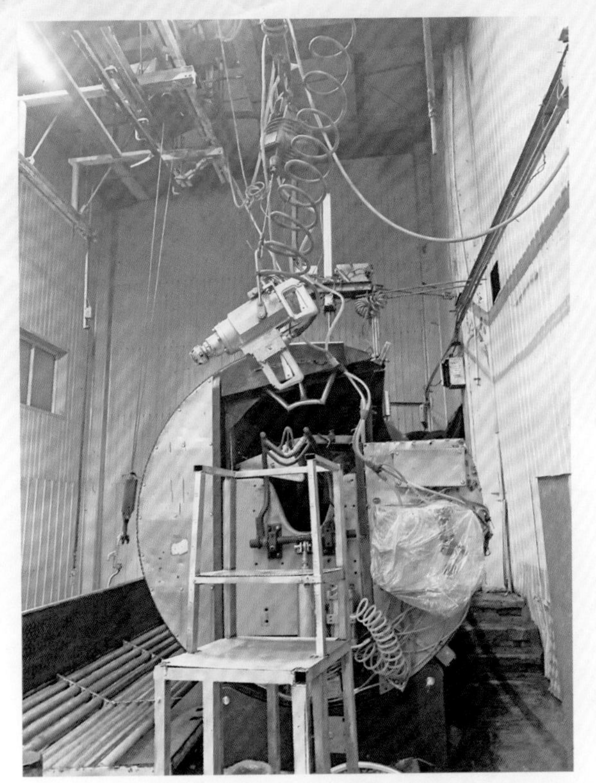

彩图1　气动致昏

彩图2　扣脚链挂起牛后腿

彩图3　牛沥血过程中进行电刺激

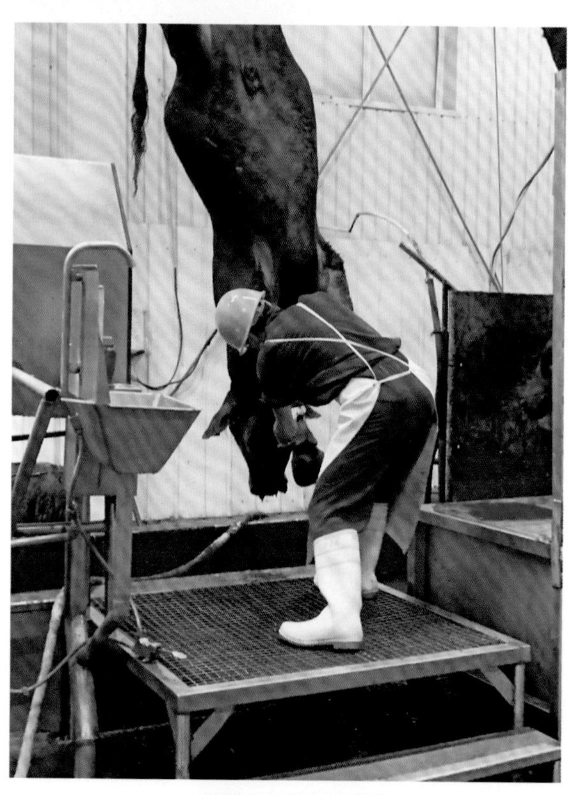

彩图4　去牛前蹄

彩图5　结扎食管

彩图6　剥牛后腿皮

彩图7　剪牛后蹄

彩图8　转挂

彩图9　结扎肛门

彩图10　剥胸、腹部皮

彩图11　机械扯皮

彩图12　开胸

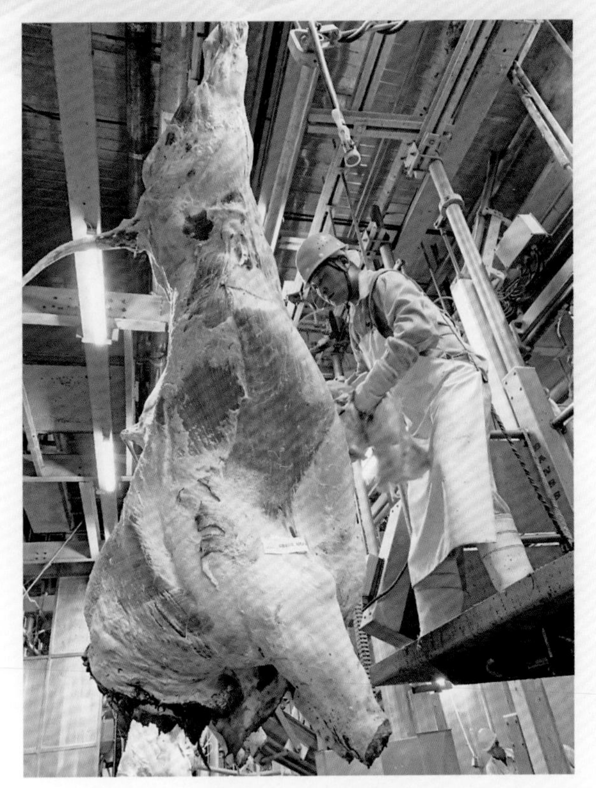

彩图13　取牛白脏

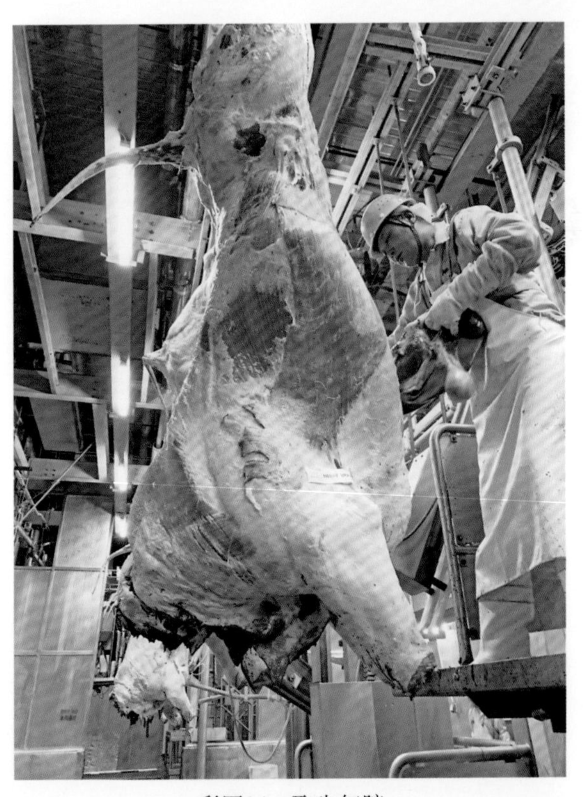

彩图14　取牛红脏

彩图15　劈半

彩图16　胴体修整